高等职业教育土木建筑类专业新形态教材

建筑装饰工程计量与计价

主　编　胡小玲　韦永丽　叶桂谷

副主编　卢琮玉　梁永欣　钟明池

　　　　周何慧芝　陈钰婷

参　编　黄圣高　李欣谕

主　审　黄琦兴

北京理工大学出版社
BEIJING INSTITUTE OF TECHNOLOGY PRESS

内 容 提 要

本书是校企合作教材，由企业技术人员及学校骨干教师合作编写完成。

全书分4个模块，共11个任务，具体包括模块1基础知识（任务1～任务4），阐述了建筑装饰工程工程量清单计价认知、工程量清单计价与计量规范、工程量清单编制、工程量清单计价；模块2工程量清单编制实务（任务5～任务8），阐述了建筑装饰工程工程量清单编制，措施项目工程量清单编制，税前项目清单编制，其他项目、规费、税金工程量清单编制；模块3清单计价文件编制（任务9），阐述了某工程清单工程量计算表编制；模块4案例及软件操作（任务10、任务11），阐述了建筑装饰工程计价软件操作及实际操作，装饰公司常规的计价方法。书中引入典型的实践项目案例，逐层分析建筑装饰工程工程量计算的重难点，针对每个教学内容设置习题任务，实用性极强。

本书可作为高等教育工程造价、建设工程管理、建筑装饰工程技术等专业教学用书，也可作为工程造价人员培训参考用书。

图书在版编目（CIP）数据

建筑装饰工程计量与计价 / 胡小玲，韦永丽，叶桂
谷主编. -- 北京：北京理工大学出版社，2023.8（2023.9重印）
ISBN 978-7-5763-2836-3

Ⅰ.①建… Ⅱ.①胡…②韦…③叶… Ⅲ.①建筑装
饰－工程造价－高等学校－教材　Ⅳ.①TU723.3

中国国家版本馆CIP数据核字（2023）第167520号

责任编辑：江　立		文案编辑：江　立	
责任校对：周瑞红		责任印制：王美丽	

出版发行 /	北京理工大学出版社有限责任公司
社　　址 /	北京市丰台区四合庄路6号
邮　　编 /	100070
电　　话 /	(010) 68914026（教材售后服务热线）
	(010) 68944437（课件资源服务热线）
网　　址 /	http：//www.bitpress.com.cn
版印次 /	2023年9月第1版第2次印刷
印　　刷 /	河北鑫彩博图印刷有限公司
开　　本 /	787 mm×1092 mm　1/16
印　　张 /	13
字　　数 /	290千字
定　　价 /	42.00元

图书出现印装质量问题，请拨打售后服务热线，负责调换

前 言

"建筑装饰工程计量与计价"是建筑装饰、室内设计等专业的核心课程。本书编写按照住房和城乡建设部颁发的《建设工程工程量清单计价规范》（GB 50500—2013）、《房屋建筑与装饰工程工程量计算规范》（GB 50854—2013）的规定，对工程量清单计量与计价方法进行了全面、系统的介绍，内容的深度和难度适应职业教育的特点。

本书采用模块化教学，模块化教学是以现场教学为主，本书的特色是每个模块均采用"任务为主线、教师为引导、学生为主体"，以典型案例作为载体，以任务推进教学进程。本书围绕企业典型案例，以任务导向的方法，引导初学者建立学习兴趣，提高对建筑装饰工程技术及造价技术专业知识的认知能力，提高项目训练的技术运用能力，力求达到行业水平，满足就业岗位人才素质与技能需求。本书融入课程思政，围绕"知识传授、能力培养、价值塑造"三位一体的课程建设目标展开教学。本书的编写具有以下特色：

（1）本书以职业岗位为导向，依托实际工程案例，注重职业能力的培养，实现一体化教学。

（2）本书结合"岗课赛证"，加强实践教学，推广"教、练、考、赛"一体化教学模式，将岗位技能要求、职业技能竞赛、职业技能等级证书标准有关内容有机融入教材，更好地完善教材内容，促进产教融合，提升学生素质。

（3）本书的编写团队由多所高等院校的骨干教师、专业带头人参与。这些教师多年来带领学生参加历届广西职业院校技能大赛，甚至国家级技能大赛，并获得各种奖项。通过集合多名优秀教师多年的教学经验，更好地把握教材的方向，更有助于提高竞赛者水平。

（4）本书编写邀请企业一线技术人员参与，给出实际性的指导意见，实现"企业要什么人才，学校就培育什么人才"的目标。通过企业技术人员及高校多位骨干教师共同编制，具有丰富的教学、企业实践、技能竞赛指导等经验。

本书由广西电力职业技术学院胡小玲、柳州城市职业技术学院韦永丽、广西交通职业技术学院叶桂谷担任主编，广西现代职业技术学院卢琼玉、梧州职业学院梁永欣、广西电力职业技术学院钟明池、广西工业职业技术学院周何慧芝、广西交通职业技术学院陈钰婷担任副主编。具体编写分工为：胡小玲进行整体设计、分工组织与统筹安排，由韦永丽、叶桂谷协助修改完善。任务1～任务3由韦永丽编写，任务4由陈钰婷编写，任务5由胡小玲编写，任务6由周何慧芝编写，任务7和任务8由梁永欣编写，任务9和任务10由叶桂谷编写，任务11由卢琼玉、黄圣高（广西理工职业技术学院）共同编写，书中思政小课堂由钟明池设计完成，全书由黄琦兴主审。在此，感谢以上团队成员的努力！

本书相关配套资源，读者可通过访问链接：https://pan.baidu.com/s/1hI8epuHrK72_e6NMeHzj1A?pwd=62wg（提取码：62wg），或扫描右侧二维码进行下载，期望能对读者更好地使用本书及理解和掌握相关知识有所帮助。

本书在编写过程中得到了广西昇合工程咨询设计有限公司、广西龙头集团装饰有限公司、广西未来深化建筑设计有限公司、南宁市创石装饰设计有限公司等的大力支持，提出很好的建议及意见。感谢广西电力职业技术学院陆世岩、许业进、李莉、王思晴等老师，梧州职业学院李欣谕老师的大力支持，对本书的编写提出了有效的建议。

由于编者水平有限，加之时间仓促，书中难免存在疏漏与不妥之处，恳请广大读者提出宝贵意见，在此表示衷心的感谢！

编　者

目 录

模块 1

基础知识

知识目标

1. 了解工程量清单计价的历史沿革。
2. 熟悉建筑装饰工程工程量清单计价的相关概念。
3. 熟悉 2013 规范体系的组成。
4. 掌握建筑装饰工程费用组成。

能力目标

培养学生具备收集、分析、整理和管理信息的能力。

素质目标

培养学生具备良好的职业道德和敬业精神，树立行业规范意识、质量意识、安全意识。

1.1 工程量清单计价概述

1.1.1 工程量清单计价的背景

2003 年 2 月 17 日，我国发布《建设工程工程量清单计价规范》（GB 50500—2003）（简称 03 规范），于当年 7 月 1 日起在全国范围内实施工程量清单计价模式。这是我国推行工程建设市场化与国际惯例接轨的重要步骤，是工程量计价由定额模式向工程量清单模式的过渡，是国家在工程量计价模式上的一次革命，是我国深化工程造价管理的重要措施。自此我国工程造价管理全面步入"政府宏观调控，企业自主报价，市场竞争定价，部门动态监管"的良性轨道。

2008 年 7 月 9 日，我国发布《建设工程工程量清单计价规范》（GB 50500—2008）（简称 08 规范）并于当年 12 月 1 日起实施。该规范总结和解决了 03 规范实施以来的经验与问题，修编了其正文中不尽合理、可操作性不强的条款及表格格式，特别增加了采用工程量清单计价如何编制工程量清单和招标控制价、投标报价、合同价款约定，以及工程计量与价款支付工程价款调整、索赔、结算、工程计价争议处理等内容，并增加了条文说明，使计价规范与各政策规定在内容、思想认识等方面逐步统一。08 规范对清单计价的指导思想进行了进一步的深化,在"政府宏观调控,企业自主报价,市场形成价格"的基础上提出了"加强市场监督"的思路,以进一步强化清单计价的执行。

2013 年 12 月 31 日,我国发布《建设工程工程量清单计价规范》(GB 50500—2013)并于 2014 年 4 月 1 日起实施。该规范规范了工程量清单编制和计价的原则、方法与程序,帮助保证了工程量清单计价的科学性、合理性和可比性,同时,也为变更和索赔处理提供了相应的规范,有助于提高建设项目管理水平、确保工程质量,有效控制造价,并促进建设行业的健康发展。

工程量清单计价是我国现行的工程预结算工作中的两种计价方法之一,工程量由发包人或委托工程造价咨询人计算,并形成工程量清单。工程量清单是招标文件的重要组成部分,各承包人依据发包人提供的工程量清单,根据自身的技术装备、施工经验、企业成本、企业定额、管理水平等自主报价,无须再计算工程量。工程量清单计价应采用"综合单价"计价。综合单价是指完成规定清单项目所需的人工费、材料费和工程设备费、施工机具使用费和企业管理费、利润,并考虑了风险因素的一种单价。

1.1.2 建筑装饰工程工程量清单计价的相关概念

1. 工程量

工程量即工程的实物数量,是以物理计量单位或自然计量单位所表示的各个分项或子项工程和构配件的数量。物理计量单位是指以法定计量单位表示的长度、面积、体积和质量等。如玻璃栏板的制作安装以长度(m)为单位;建筑物的建筑面积、天棚抹灰以面积(m^2)为单位;墙体砌筑以体积(m^3)为单位;干挂石材钢骨架制作安装以质量(t)为单位等。自然计量单位是指以物体的自然组成形态表示的计量单位,如罗马柱以"根"为单位,送风口、回风口安装固定以"个"为单位等。

2. 工程量清单

工程量清单是指载明建设工程分部分项工程项目、措施项目、其他项目、税前项目的名称和相应数量,以及规费、税金项目等内容的明细清单。

3. 招标工程量清单

招标工程量清单是招标人依据国家标准、招标文件、设计文件及施工现场实际情况编制的,随招标文件发布供投标报价的工程量清单,包括其说明和表格。

分部分项工程量清单表明了拟建工程的全部分项实体工程的名称和相应的工程数量。例如,胶合板门安装 60 樘;内墙刷乳胶漆三遍 190.02 m^2。

措施项目清单表明了为完成拟建工程项目施工,发生于该工程施工准备和施工过程中的技术、生活、安全、环境保护等方面的项目,措施项目清单根据计价程序的不同,分为单价措施项目和总价措施项目。

1.1.3 建筑装饰工程工程量清单计价

工程量清单计价是根据招标文件规定计算的完成工程量清单所列项目的全部费用。由投标人编制投标报价，通过竞标形成建设工程造价，符合市场经济的原则，体现了企业的竞争实力和水平。其具有以下主要特点。

1. 工程量清单计价首先反映量价分离

工程量清单计价本质上是单价合同的计价模式，它反映"量价分离"的特点，在工程量没有很大变化的情况下，单位工程量的单价一般不发生变化。

2. 工程量清单计价有利于风险合理分担

建设工程项目一般结构比较复杂，建设周期长，费用高，工程变更相对较多，因而，建设的建设风险比较大，采用工程量清单计价，承包人只对自己所报单价负责，而工程量变更的风险由发包人承担，这种格局符合风险合理分担与责任、权利关系对等的一般原则。

3. 工程量清单计价是一种公开、公平竞争的计价方法

工程量清单计价符合市场经济运行的规律和市场竞争的规则，有利于招标控制价的管理与控制，采用工程量清单招标，工程量、招标控制价是公开的，是招标文件的一部分。招标控制价只起到控制中标价不能突破招标控制价的作用，而在评标过程中并不像定额计价招标投标的标底那样重要，这样从根本上消除了标底泄露所带来的负面影响。因工程量清单招标方式通常采用合理低价中标，这就可以显著提高发包人的资金使用效益，促进承包人加快技术进步及革新，改善经营管理，提高劳动生产率和确定合理施工方案，在合理低价中获得合理或最佳的利润。这对承、发包双方有利，对国家经济建设与发展更为有利，是一个多方获益的计价模式。

4. 工程量清单计价方便工程管理

工程量清单除具有计价作用外，承包人可以将设计图纸、施工规范、工程量清单综合考虑，编制材料采购计划、安排资源计划、控制工程成本，使总的目标成本在控制范围内；工程量清单为发包人中期付款和工程结算提供了便利，利用工程量清单，业主在建设工程中严格控制工程款的拨付、设计变更和现场签证。发包人和监理工程师还可以根据工程量清单检查承包人的施工情况，进行资金的准备与安排，保证及时支付工程价款和进行投资控制；而承包人按合同规定和发包人要求，严格执行工程量清单报价中的原则和内容，及时与发包人和监理工程师联系，合理追回工程款，以保证工程如期完工。

5. 推行工程量清单计价有利于与国际接轨

工程量清单计价是国际上工程建设招标投标活动的通行做法，在国际上通行已有上百年的历史，规章完备，体系成熟。它反映的是工程的个别成本，而不是按定额的社会平均成本计价。工程量清单将实体性消耗和措施性消耗分离，使承包人在投标中技术水平的竞争能够充分表现出来，可以充分发挥承包人自主定价的能力，从而改变原定额中有关束缚承包人自主报价的限制。工程量清单计价方式这一改革对我国企业参加国际工程竞争铺平了道路，也是我国加入世界贸易组织（WTO）所做的承诺，更加有利于我国尽快制定工程造价法律体系，以适应市场经济全球化的要求。

6. 推行工程量清单计价有利于规范计价行为

推行工程量清单计价将统一建设工程的计量单位、计量规则，规范建设工程计价行为，促进工程造价管理改革的深入和管理体制的创新，最终建立和形成政府宏观调控，市场有序竞争的工程造价管理新机制，也将对工程招标投标活动、工程施工、工程管理、工程监理等方面产生深远的影响。

1.1.4 工程量清单计价的主要程序

以我国地方为例，广西壮族自治区现行的计价模式主要有工程量清单计价模式和工料单价法计价模式两种。其中，工料单价法在我国其他地区也称为定额计价法。实行工程量清单计价的工程应采用单价合同。

1. 招标人编制工程量清单

在招标投标阶段，由招标人或受其委托的造价咨询人根据招标文件要求、工程图纸、计价与计量规范、计价办法及常规施工方案等资料列出拟建工程项目所有的清单项目，分部分项工程和单价措施项目还需计算出相应工程量，编制完成的工程量清单作为招标文件的一部分发给所有投标人。

2. 招标人编制招标控制价

在招标投标阶段，由招标人或受其委托的造价咨询人以公平、公正为原则，根据招标文件要求、工程量清单、建设主管部门颁发的计价定额、计价的有关规定及常规施工方案等资料合理确定工程总造价（招标控制价）。

3. 投标人编制投标报价

在招标投标阶段，投标人按照招标文件所提供的工程量清单、施工现场的实际情况及拟订的施工方案、施工组织设计，按企业定额或住房城乡建设主管部门发布的计价定额及市场价格，结合市场竞争情况，充分考虑风险，自主报价。

4. 以承包人完成合同工程应予以计量的工程量确定工程结算价

工程完工后，发、承包双方办理竣工结算时，以承包人完成合同工程应予以计量的工程量、合同约定的综合单价为基础计算工程结算价格。

1.1.5 实行工程量清单计价的意义

（1）实行工程量清单计价，是工程造价深化改革的产物。

（2）实行工程量清单计价，是规范建设市场秩序，适应社会主义市场经济发展的需要。

（3）实行工程量清单计价，是促进建设市场有序竞争和企业健康发展的需要。

（4）实行工程量清单计价，有利于我国工程造价管理政府职能的转变。

（5）实行工程量清单计价，是适应我国加入世界贸易组织，融入世界大市场的需要。

1.2 建筑装饰工程费用组成

建筑装饰工程费用的组成根据不同划分方法分为两类。

1.2.1 按构成要素划分的费用组成

建筑装饰工程费按照费用构成要素划分，可分为人工费、材料费（包含工程设备，下同）、施工机具使用费、企业管理费、利润、规费和增值税。其中，人工费、材料费、施工机具使用费、企业管理费和利润包含在分部分项工程费、措施项目费、其他项目费中（表1-1）。

表1-1 建筑与装饰工程费用组成表（按构成要素分）

建设工程费	直接费	人工费	计时工资（或计件工资）
			津贴、补贴
			特殊情况下支付的工资
		材料费	材料原价
			运杂费
			运输损耗费
			采购及保管费
		机械费	折旧费
			大修理费
			经常修理费
			安拆费及场外运输费
			人工费
			燃料动力费
			税费
	间接费	企业管理费	管理人员工资
			办公费
			差旅交通费
			固定资产使用费
			工具用具使用费
			劳动保险及职工福利费
			劳动保护费
			工会经费
			职工教育经费
			财产保险费
			财务费
			税金
			其他
		规费	社会保险费
			住房公积金
			工程排污费
	利润		
	增值税		

1. 人工费

人工费是指按工资总额构成规定，支付给从事建筑装饰工程施工的生产工人和附属生产单位工人的各项费用。人工费的内容包括如下：

（1）计时工资或计件工资：是指按计时工资标准和工作时间或对已做工作按计件单价支付给个人的劳动报酬。

（2）奖金：是指对超额劳动和增收节支支付给个人的劳动报酬，如节约奖、劳动竞赛奖等。

（3）津贴补贴：是指为了补偿职工特殊或额外的劳动消耗和因其他特殊原因支付给个人的津贴，以及为了保证职工工资水平不受物价影响支付给个人的物价补贴，如流动施工津贴、特殊地区施工津贴、高温（寒）作业临时津贴、高空津贴等。

（4）加班加点工资：是指按规定支付的在法定节假日工作的加班工资和在法定日工作时间外延时工作的加点工资。

（5）特殊情况下支付的工资：是指根据国家法律、法规和政策规定，因病、工伤、产假、计划生育假、婚丧假、事假、探亲假、定期休假、停工学习、执行国家或社会义务等原因按计时工资标准或计时工资标准的一定比例支付的工资。

2. 材料费

材料费是指施工过程中耗费的原材料、辅助材料、构配件、零件、半成品或成品、工程设备的费用。材料费的内容包括如下：

（1）材料原价：是指材料、工程设备的出厂价格或商家供应价格。

（2）运杂费：是指材料、工程设备自来源地运至工地仓库或指定堆放地点所发生的全部费用。

（3）运输损耗费：是指材料在运输装卸过程中不可避免的损耗费用。

（4）采购及保管费：是指为组织采购、供应和保管材料、工程设备的过程中所需要的各项费用，包括采购费、仓储费、工地保管费、仓储损耗费。

工程设备是指构成或计划构成永久工程一部分的机电设备、金属结构设备、仪器装置及其他类似的设备和装置。

3. 施工机具使用费

施工机具使用费是指施工作业所发生的施工机械、仪器仪表使用费或其租赁费。

（1）施工机械使用费：以施工机械台班耗用量乘以施工机械台班单价表示。施工机械台班单价应由下列 7 项费用组成：

1）折旧费：指施工机械在规定的使用年限内，陆续收回其原值的费用。

2）大修理费：指施工机械按规定的大修理间隔台班进行必要的大修理，以恢复其正常功能所需的费用。

3）经常修理费：指施工机械除大修理外的各级保养和临时故障排除所需的费用。该项费用包括为保障机械正常运转所需替换设备与随机配备工具附具的摊销和维护费用，机械运转中日常保养所需润滑与擦拭的材料费用及机械停滞期间的维护和保养费用等。

4）安拆费及场外运费：安拆费指施工机械（大型机械除外）在现场进行安装与拆卸所需的人工、材料、机械和试运转费用，以及机械辅助设施的折旧、搭设、拆除等费用；场外运费指施工机械整体或分体自停放地点运至施工现场或由一施工地点运至另一施工地点的运输、装卸、辅助材料及架线等费用。

5）人工费：指机上司机（司炉）和其他操作人员的人工费。

6）燃料动力费：指施工机械在运转作业中所消耗的各种燃料及水、电等。

7）税费：指施工机械按照国家规定应缴纳的车船使用税、保险费及年检费等。

（2）仪器仪表使用费：是指工程施工所需使用的仪器仪表的摊销及维修费用。

4. 企业管理费

企业管理费是指建筑安装企业组织施工生产和经营管理所需的费用。企业管理费的内容包括如下：

（1）管理人员工资：是指按规定支付给管理人员的计时工资、奖金、津贴补贴、加班加点工资及特殊情况下支付的工资等。

（2）办公费：是指企业管理办公用的文具、纸张、账表、印刷、邮电、书报、办公软件、现场监控、会议、水电、烧水和集体取暖降温（包括现场临时宿舍取暖降温）等费用。

（3）差旅交通费：是指职工因公出差、调动工作的差旅费、住勤补助费，市内交通费和误餐补助费，职工探亲路费，劳动力招募费，职工退休、退职一次性路费，工伤人员就医路费，工地转移费及管理部门使用的交通工具的油料、燃料等费用。

（4）固定资产使用费：是指管理和试验部门及附属生产单位使用的属于固定资产的房屋、设备、仪器等的折旧、大修、维修或租赁费。

（5）工具、用具使用费：是指企业施工生产和管理使用的不属于固定资产的工具、器具、家具、交通工具和检验、试验、测绘、消防用具等的购置、维修和摊销费。

（6）劳动保险和职工福利费：是指由企业支付的职工退职金、按规定支付给离休干部的经费，集体福利费、夏季防暑降温、冬季取暖补贴、上下班交通补贴等。

（7）劳动保护费：是指企业按规定发放的劳动保护用品的支出，如工作服、手套、防暑降温饮料以及在有碍身体健康的环境中施工的保健费用等。

（8）检验试验费：是指施工企业按照有关标准规定，对建筑及材料、构件和建筑安装物进行一般鉴定、检查所发生的费用，包括自设试验室进行试验所耗用的材料等费用。不包括新结构、新材料的试验费，对构件做破坏性试验及其他特殊要求检验试验的费用和建设单位委托检测机构进行检测的费用，对此类检测发生的费用，由建设单位在工程建设其他费用中列支。但对施工企业提供的具有合格证明的材料进行检测不合格的，该检测费用由施工企业支付。

（9）工会经费：是指企业按《中华人民共和国工会法》规定的全部职工工资总额比例计提的工会经费。

（10）职工教育经费：是指按职工工资总额的规定比例计提，企业为职工进行专业技术和职业技能培训，专业技术人员继续教育、职工职业技能鉴定、职业资格认定及根据需要对职工进行各类文化教育所发生的费用。

（11）财产保险费：是指施工管理用财产、车辆等的保险费用。

（12）财务费：是指企业为施工生产筹集资金或提供预付款担保、履约担保、职工工资支付担保等所发生的各种费用。

（13）税金：是指企业按规定缴纳的房产税、车船使用税、土地使用税、印花税等。

（14）其他：包括技术转让费、技术开发费、投标费、业务招待费、绿化费、广告费、公证费、法律顾问费、审计费、咨询费、保险费等。

5．利润

利润是指施工企业完成所承包工程获得的盈利。

6．规费

规费是指按国家法律、法规规定，由省级政府和省级有关权力部门规定必须缴纳或计取的费用。规费的内容包括如下：

（1）社会保险费。

1）养老保险费：是指企业按照规定标准为职工缴纳的基本养老保险费。

2）失业保险费：是指企业按照规定标准为职工缴纳的失业保险费。

3）医疗保险费：是指企业按照规定标准为职工缴纳的基本医疗保险费。

4）生育保险费：是指企业按照规定标准为职工缴纳的生育保险费。

5）工伤保险费：是指企业按照规定标准为职工缴纳的工伤保险费。

（2）住房公积金：是指企业按规定标准为职工缴纳的住房公积金。

（3）工程排污费：是指按规定缴纳的施工现场工程排污费。

其他应列而未列入的规费，按实际发生计取。

7．增值税

增值税是指国家税法规定的应计入建筑工程造价内的增值税。增值税为当期销项税额。

1.2.2　按工程造价形成划分的费用组成

建筑装饰工程费按照工程造价形成划分，可分为分部分项工程费、措施项目费、其他项目费、规费、税金。其中，分部分项工程费、措施项目费、其他项目费包含人工费、材料费、施工机具使用费、企业管理费和利润（表1-2）。

表 1-2　建筑与装饰工程费用组成表（按工程造价形成分）

建设工程费	分部分项工费			
	措施项目费	单价措施费	二次搬运费	1. 人工费 2. 材料费 3. 机械费 4. 管理费 5. 利润
			大型机械设备进出场及安拆费	
			夜间施工增加费	
			已完工程保护费	
			……	
		总价措施费	安全文明施工费	
			检验试验配合费	
			雨季施工增加费	
			优良工程增加费	
			提前竣工（赶工补偿）费	
			……	
	其他项目费	暂列金额		
		暂估价（材料暂估价、专业工程暂估价）		
		计日工		
		总承包服务费		
	规费	社会保险费		
		住房公积金		
		工程排污费		
	税前项目费			
	增值税			

1. 分部分项工程费

分部分项工程费是指各专业工程的分部分项工程应予列支的各项费用。

（1）专业工程：是指 2012 年 12 月 25 日住房和城乡建设部发布的与《建设工程工程量清单计价规范》（GB 50500—2013）配套使用的 9 大专业工程量计算规范所对应的各专业工程：房屋建筑与装饰工程、仿古建筑工程、通用安装工程、市政工程、园林绿化工程、矿山工程、构筑物工程、城市轨道交通工程、爆破工程等。

（2）分部分项工程：是指按现行《房屋建筑与装饰工程工程量计算规范》（GB 50854—2013）对各专业工程划分的项目，如房屋建筑与装饰工程划分的土石方工程、地基处理与桩基工程、砌筑工程、钢筋及钢筋混凝土工程等。

各类专业工程的分部分项工程划分见现行国家或行业计量规范。

2. 措施项目费

措施项目费是指为完成建设工程施工，发生于该工程施工前和施工过程中的技术、生活、安全、环境保护等方面的费用。措施项目费的内容包括如下：

（1）安全文明施工费。

1）环境保护费：是指施工现场为达到环保部门要求所需要的各项费用。

2）文明施工费：是指施工现场文明施工所需要的各项费用。

3）安全施工费：是指施工现场安全施工所需要的各项费用。

4）临时设施费：是指施工企业为进行建设工程施工所必须搭设的生活和生产用的临时建筑物、构筑物和其他临时设施费用，包括临时设施的搭设、维修、拆除、清理费或摊销费等。

（2）夜间施工增加费：是指因夜间施工所发生的夜班补助费、夜间施工降效、夜间施工照明设备摊销及照明用电等费用。

（3）二次搬运费：是指因施工场地条件限制而发生的材料、构配件、半成品等一次运输不能到达堆放地点，必须进行二次或多次搬运所发生的费用。

（4）冬雨期施工增加费：是指在冬季或雨季施工需增加的临时设施、防滑、排除雨雪，人工及施工机械效率降低等费用。

（5）已完工程及设备保护费：是指竣工验收前，对已完工程及设备采取的必要保护措施所发生的费用。

（6）工程定位复测费：是指工程施工过程中进行全部施工测量放线和复测工作的费用。

（7）特殊地区施工增加费：是指工程在沙漠或其边缘地区、高海拔、高寒、原始森林等特殊地区施工增加的费用。

（8）大型机械设备进出场及安拆费：是指机械整体或分体自停放场地运至施工现场或由一个施工地点运至另一个施工地点，所发生的机械进出场运输与转移费用及机械在施工现场进行安装、拆卸所需的人工费、材料费、机械费、试运转费和安装所需的辅助设施的费用。

（9）脚手架工程费：是指施工需要的各种脚手架搭、拆、运输费用及脚手架购置费的摊销（或租赁）费用。

措施项目及其包含的内容详见各类专业工程的现行国家或行业计量规范。

3. 其他项目费

（1）暂列金额：是指建设单位在工程量清单中暂定并包括在工程合同价款中的一笔款项。用于施工合同签订时尚未确定或者不可预见的所需材料、工程设备、服务的采购，施工中可能发生的工程变更、合同约定调整因素出现时的工程价款调整以及发生的索赔、现场签证确认等的费用。

（2）暂估价：招标人在工程量清单中提供的用于支付必然发生但暂时不能确定价格的材料以及专业工程的金额。包括材料设备暂估价、专业工程暂估价。

（3）计日工：是指在施工过程中，施工企业完成建设单位提出的施工图纸以外的零星项目或工作所需的费用。

（4）总承包服务费：是指总承包人为配合、协调建设单位进行的专业工程发包，对建设单位自行采购的材料、工程设备等进行保管及施工现场管理、竣工资料汇总整理等服务所需的费用。

4. 规费

规费定义同表 1-1。

5. 增值税

增值税定义同表 1-1。

思政小课堂

实行工程量清单计价后，我们都要依据企业定额编制投标文件，但是企业定额的编制是一项很复杂的工作，它不仅要依据和参照全国统一建设工程基础定额与当地建筑工程预算定额，而且要将企业的各种状况进行分析比较并反映到编制的定额中。企业定额是企业自己的定额，反映企业本身的素质水平，这个过程很不容易达到，希望大家工作以后，要树立这样的意识，认真细致，以帮助企业编制企业定额。

复习思考题

一、单选题

1. （　　）是指施工现场为达到环保部门要求所需要的各项费用。

　　A. 环境保护费

　　B. 文明施工费

　　C. 安全施工费

　　D. 临时设施费

2. （　　）是指材料、工程设备的出厂价格或商家供应价格。

　　A. 材料费

　　B. 运杂费

　　C. 材料原价

　　D. 采购及保管费

二、多选题

1. 建筑装饰工程费用组成按工程造价形成分，包括分部分项工费及（　　）。

　　A. 措施项目费

　　B. 其他项目费

　　C. 规费

　　D. 税前项目费

　　E. 增值税

2. 规费包括（　　）。

　A. 社会保险费

　B. 总承包服务费

　C. 暂估价

　D. 住房公积金

　E. 工程排污费

3. 按构成要素分，建筑装饰工程的分部分项工程费由（　　）费用构成。

　A. 人工费

　B. 材料费

　C. 机械费

　D. 企业管理费

　E. 利润

三、简答题

1. 什么是工程量？什么是招标工程量清单？

2. 简述实行工程量清单计价的意义。

3. 简述建筑装饰工程工程量清单计价的特点。

4. 简述建筑装饰工程费用组成内容（按构成要素分）。

5. 简述建筑装饰工程费用组成内容（按工程造价形成分）。

工程量清单计价与计量规范

1. 了解《建设工程工程量清单计价规范》（GB 50500—2013）的组成内容。
2. 了解《房屋建筑与装饰工程工程量计算规范》（GB 50854—2013）的组成内容

培养学生具备能够正确运用《建设工程工程量清单计价规范》（GB 50500—2013）、《房屋建筑与装饰工程工程量计算规范》（GB 50854—2013）编制工程量清单的能力。

培养学生具备探究学习、分析问题和解决问题的能力。

2.1 《建设工程工程量清单计价规范》（GB 50500—2013）

2.1.1 《建设工程工程量清单计价规范》（GB 50500—2013）简介

2012 年 12 月 25 日，住房和城乡建设部以 10 个公告，发布了《建设工程工程量清单计价规范》（GB 50500—2013）和 9 个专业工程量计算规范计价与计量规范，并于 2013 年 4 月 1 日起实施。本系列规范适用于建设工程发承包及实施阶段的工程量计量和计价。

2.1.2 《建设工程工程量清单计价规范》（GB 50500—2013）组成内容

《建设工程工程量清单计价规范》（GB 50500—2013）的组成内容具体详见表 2-1。

表 2-1 《建设工程工程量清单计价规范》（GB 50500—2013）的组成内容

序号	章节	名称
1	第 1 章	总则
2	第 2 章	术语
3	第 3 章	一般规定

序号	章节	名称
4	第 4 章	招标工程量清单
5	第 5 章	招标控制价
6	第 6 章	投标报价
7	第 7 章	合同价款约定
8	第 8 章	工程计量
9	第 9 章	合同价款调整
10	第 10 章	合同价款中期支付
11	第 11 章	竣工结算与支付
12	第 12 章	合同解除的价款结算与支付
13	第 13 章	合同价款争议的解决
14	第 14 章	工程造价鉴定
15	第 15 章	工程计价资料与档案
16	第 16 章	计价表格
17	附录 A	物价变化合同价款调整方法
18	附录 B	工程计价文件封面
19	附录 C	工程计价文件扉页
20	附录 D	工程计价总说明
21	附录 E	工程计价汇总表
22	附录 F	分部分项工程和措施项目计价表
23	附录 G	其他项目计价表
24	附录 H	规费、税金项目计价表
25	附录 J	工程计量申请（核准）表
26	附录 K	合同价款支付申请（核准）表
27	附录 L	主要材料、工程设备一览表

2.2 《房屋建筑与装饰工程工程量计算规范》（GB 50854—2013）组成内容

2.2.1 《房屋建筑与装饰工程工程量计算规范》（GB 50854—2013）简介

《房屋建筑与装饰工程工程量计算规范》（GB 50854—2013）由住房和城乡建设部于 2012 年 12 月 25 日发布，以《建设工程工程量清单计价规范》（GB 50500—2013）为母规范，并于 2013 年 4 月 1 日起实施。

2.2.2 《房屋建筑与装饰工程工程量计算规范》(GB 50854—2013) 组成内容

《房屋建筑与装饰工程工程量计算规范》(GB 50854—2013) 组成内容, 见表 2-2。

表 2-2 《房屋建筑与装饰工程工程量计算规范》(GB 50854—2013)

序号	章节	名称
1	第 1 章	总则
2	第 2 章	术语
3	第 3 章	工程计量
4	第 4 章	工程量清单编制
5	附录 A	土石方工程
6	附录 B	地基处理与边坡支护工程
7	附录 C	桩基工程
8	附录 D	砌筑工程
9	附录 E	混凝土及钢筋混凝土工程
10	附录 F	金属结构工程
11	附录 G	木结构工程
12	附录 H	门窗工程
13	附录 J	屋面及防水工程
14	附录 K	保温、隔热、防腐工程
15	附录 L	楼地面装饰工程
16	附录 M	墙、柱面装饰与隔断、幕墙工程
17	附录 N	天棚工程
18	附录 P	油漆、涂料、裱糊工程
19	附录 Q	其他装饰工程
20	附录 R	拆除工程
21	附录 S	措施项目

本书主要针对《房屋建筑与装饰工程工程量计算规范》(GB 50854—2013) 中的装饰工程部分内容进行编写。

2.3 《建设工程工程量计算规范 (GB50854～50862—2013) 广西壮族自治区实施细则 (修订本)》

2.3.1 《建设工程工程量计算规范 (GB50854～50862—2013) 广西壮族自治区实施细则 (修订本)》简介

为规范广西壮族自治区建设工程计量行为, 统一建设工程工程量计算规则及工程量清单编制方法, 根据国家标准《建设工程工程量计算规范》(GB 50854～50862—2013) 和

《建设工程工程量计算规范（GB 50854～50862—2013）广西壮族自治区实施细则》的有关规定，结合广西实际制定《建设工程工程量计算规范（GB 50854～50862—2013）广西壮族自治区实施细则（修订本）》（以下简称"13 规范"广西壮族自治区实施细则），自 2016 年 1 月 1 日起开始实施。

2.3.2　"13 规范"广西壮族自治区实施细则组成内容

"13 规范"广西壮族自治区实施细则的组成内容，见表 2-3。

表 2-3　"13 规范"广西壮族自治区实施细则的组成内容

序号	章节	名称
1	第 1 章	总则
2	第 2 章	术语
3	第 3 章	工程计量
4	第 4 章	工程量清单编制
5	附录 A	土石方工程
6	附录 B	地基处理与边坡支护工程
7	附录 C	桩基工程
8	附录 D	砌筑工程
9	附录 E	混凝土及钢筋混凝土工程
10	附录 F	金属结构工程
11	附录 G	木结构工程
12	附录 H	门窗工程
13	附录 J	屋面及防水工程
14	附录 K	保温、隔热、防腐工程
15	附录 L	楼地面装饰工程
16	附录 M	墙、柱面装饰与隔断、幕墙工程
17	附录 N	天棚工程
18	附录 P	油漆、涂料、裱糊工程
19	附录 Q	其他装饰工程
20	附录 R	拆除工程
21	附录 S	单价措施项目
22	桂附录 T	总价措施项目

📑 **思政小课堂**

住房和城乡建设部标准定额司关于征求《建设工程工程量清单计价标准》（征求意见稿）意见的函。

深度解读《2022 工程量
清单计价》大改要点

《建设工程工程量清单计价标准》的发布符合工程造价市场化改革的大方向，有助于进一步完善工程造价市场化形成机制，加快统一工程计价规则。可以预见，《建设工程工程量清单计价标准》的推行将会更好地引导和规范市场各方行为，促进市场的公平、公正、公开。

复习思考题

1. 简述《建设工程工程量清单计价规范》（GB 50500—2013）的组成内容。
2. 简述《房屋建筑与装饰工程工程量计算规范》（GB 50854—2013）的组成内容。

任务 3

工程量清单编制

⊙ **知识目标**

掌握工程量清单的编制方法。

⊙ **能力目标**

培养学生具备根据工程背景进行工程量清单列项的能力。

⊙ **素质目标**

培养学生具备严谨和追求精益求精的工匠精神与一丝不苟的科学态度，保持自主学习的兴趣和愿望，具有较强的专业能力和创新意识。

3.1 分部分项工程及单价措施项目清单

3.1.1 分部分项工程及单价措施项目清单编制的相关规定

分部工程是单项或单位工程的组成部分，是按结构部位、路段长度及施工特点或施工任务将单项或单位工程划分为若干分部的工程，如房屋建筑装饰工程中的楼地面装饰工程、天棚工程等；分项工程是分部工程的组成部分，是按不同施工方法、材料、工序及路段长度等将分部工程划分为若干个分项或项目的工程，如楼地面装饰工程中的块料楼地面、水泥砂浆楼地面等。

分部分项工程是分部工程与分项工程的总称。

分部分项工程量清单是指构成建设工程实体的全部分项实体项目名称和相应数量的明细清单。

单价措施项目是完成工程项目施工，发生于该工程施工准备和施工过程中的技术、生活、安全、环境保护等方面的项目，如脚手架、模板等。该项目可以根据工程图纸和相关计量规范中的工程量计算规则进行计量。

单价措施项目清单是为完成工程项目施工，发生于该工程施工准备和施工过程中的技术、生活、安全、环境保护等方面的项目名称与相应数量的明细清单。

分部分项工程及单价措施项目清单必须载明项目编码、项目名称、项目特征描述、计量单位和工程量。

分部分项工程及单价措施项目清单必须根据相关工程现行《房屋建筑与装饰工程工程量计算规范》（GB 50854—2013）的项目编码、项目名称、项目特征描述的内容、计量单位和工程量计算规则进行编制。

3.1.2 项目编码

工程量清单项目编码采用五级编码，12位阿拉伯数字表示，一至九位为统一编码，即必须依据计量规范设置。其中，第一、二位（一级）为专业工程编码，第三、四位（二级）为附录分类顺序码，第五、六位（三级）为分部工程顺序码，第七～九位（四级）为分项工程顺序码，第十～十二位（五级）为具体清单项目顺序码，第五级编码应根据拟建工程的工程量清单项目名称和项目特征设置，同一招标工程的项目编码不得有重码。

1. 第一、二位（一级）专业工程编码

专业工程编码见表3-1。

表 3-1　专业工程编码

序号	编码	专业工程名称
1	01……	房屋建筑与装饰工程
2	02……	仿古建筑工程
3	03……	通用安装工程
4	04……	市政工程
5	05……	园林绿化工程
6	06……	矿山工程
7	07……	构筑物工程
8	08……	城市轨道交通工程
9	09……	爆破工程

2. 第三、四位（二级）附录分类顺序码

附录分类顺序码相当于《房屋建筑与装饰工程工程量计算规范》（GB 50854—2013）第4章工程量清单编制中各分部工程的顺序码。附录分类顺序码见表3-2。

表 3-2　附录分类顺序码

序号	附录	名称
1	附录 A	土石方工程
2	附录 B	地基处理与边坡支护工程
3	附录 C	桩基工程

序号	附录	名称
4	附录 D	砌筑工程
5	附录 E	混凝土及钢筋混凝土工程
6	附录 F	金属结构工程
7	附录 G	木结构工程
8	附录 H	门窗工程
9	附录 J	屋面及防水工程
10	附录 K	保温、隔热、防腐工程
11	附录 L	楼地面装饰工程
12	附录 M	墙、柱面装饰与隔断、幕墙工程
13	附录 N	天棚工程
14	附录 P	油漆、涂料、裱糊工程
15	附录 Q	其他装饰工程
16	附录 R	拆除工程
17	附录 S	措施项目

3. 第五、六位（三级）分部工程顺序码

分部工程顺序码相当于附录内小节工程顺序码。以楼地面装饰工程中各小节工程为例，楼地面装饰工程清单项目数见表 3-3。

表 3-3　楼地面装饰工程清单项目表

小节编号	名称	清单项目数
L.1	整体面层及找平层	6
L.2	块料面层	3
L.3	橡塑面层	4
L.4	其他材料面层	4
L.5	踢脚线	7
L.6	楼梯面层	9
L.7	台阶装饰	6
L.8	零星装饰项目	4

根据楼地面装饰工程清单项目表，楼地面装饰工程中分部工程顺序码如下：

整体面层及找平层，编码为 011101……

块料面层，编码为 011102……

橡塑面层，编码为 011103……

其他材料面层，编码为 011104……

……

4. 第七~九位（四级）分项工程顺序码

分项工程顺序码相当于小节内各分项工程顺序码。以"块料面层"为例，块料面层工程量清单项目设置见表3-4。

表3-4　块料面层（011102）

项目编码	项目名称	项目特征	计量单位	工程量计算规则	工作内容
011102001	石材楼地面	1. 找平层厚度、砂浆配合比 2. 结合层厚度、砂浆配合比 3. 面层材料品种、规格、颜色 4. 嵌缝材料种类 5. 防护层材料种类 6. 酸洗、打蜡要求	m²	按设计图示尺寸以面积计算。门洞、空圈、暖气包槽、壁龛的开口部分并入相应的工程量内	1. 基层清理 2. 抹找平层 3. 面层铺设、磨边 4. 嵌缝 5. 刷防护材料 6. 酸洗、打蜡 7. 材料运输
011102002	碎石材楼地面				
011102003	块料楼地面				

注：1. 在描述碎石材项目的面层材料特征时可不用描述规格、颜色。

2. 石材、块料与黏结材料的结合面刷防渗材料的种类在防护层材料种类中描述。

3. 本表工作内容中的磨边指施工现场磨边，后面章节工作内容中涉及的磨边含义同

根据块料面层清单项目表，块料面层中各分项工程编码如下：

石材楼地面，编码为011102001……

碎石材楼地面，编码为011102002……

块料楼地面，编码为011102003……

5. 第十~十二位（五级）清单项目顺序码

清单项目顺序码是用于区别同一分项工程具有不同特征的顺序码，由清单编制人在全国统一九位编码的基础上，根据分项工程的项目特征编制项目名称顺序码001、002、003……

【例3-1】 已知某工程两种楼地面装饰如下，对本工程楼地面装饰工程进行清单列项。

楼1：a. 8~10 mm厚600 mm×600 mm米色陶瓷地砖铺实拍平，水泥浆擦缝

　　　b. 25 mm厚1：4干硬性水泥砂浆，面上撒素水泥

　　　c. 素水泥浆结合层一遍

　　　d. 钢筋混凝土楼板

楼2：a. 8~10 mm厚800 mm×800 mm红色陶瓷地砖铺实拍平，水泥浆擦缝

　　　b. 25 mm厚1：4干硬性水泥砂浆，面上撒素水泥

c. 素水泥浆结合层一遍

d. 钢筋混凝土楼板

【解】 本工程楼地面装饰工程清单列项如下：

011102003001 块料楼地面（8～10 mm 厚 600 mm×600 mm 米色陶瓷地砖）

011102003002 块料楼地面（8～10 mm 厚 800 mm×800 mm 红色陶瓷地砖）

6. 清单编制人自行设置编码的注意事项

（1）一个项目编码对应一个项目名称、计量单位、计算规则、工作内容、综合单价，因而工程量清单编制人在自行设置项目编码时，以上五项中只要有一项不同，就应另设编码。即使同一做法的项目，只要形成的综合单价不同，第五级编码就应分别设置，如墙面抹灰中的混凝土墙面抹灰和砖墙面抹灰，其第五级编码就应分别设置。

（2）项目编码不应再设副码，如用 011102003001—1（副码）、011102003001—2（副码）编码，分别表示 8～10 mm 厚 600 mm×600 mm 米色陶瓷地砖楼地面和 8～10 mm 厚 800 mm×800 mm 红色陶瓷地砖楼地面，就是错误的表示方法。

（3）同一个招标工程中第五级编码不应重复。当同一标段（或合同段）的一份工程量清单中含有多个单项或单位工程且工程量清单是以单位工程为编制对象时，项目编码第十～十二位编码的设置不能有重复。

3.1.3 项目名称

分部分项工程及单价措施项目清单的项目名称，应按计量规范中的名称结合拟建工程的实际确定，如石材台阶面、石材墙面。

3.1.4 项目特征描述

项目特征描述是对项目的准确描述，是确定一个清单项目综合单价不可缺少的重要依据，是区分清单项目的依据，是履行合同义务的基础。分部分项工程量清单特征描述应根据《房屋建筑与装饰工程工程量计算规范》（GB 50854—2013）中规定的项目特征并结合拟建工程的实际情况进行描述。项目特征描述具体可以分为必须描述的内容、可不描述的内容、可不详细描述的内容、规定多个计量单位的服务描述、规范没有要求但又必须描述的内容几类。

1. 项目特征描述的原则

（1）项目特征描述的内容按规范附录规定的内容，项目特征的表述按拟建工程的实际要求，以能满足确定综合单价的需要为前提。

（2）对采用标准图集或施工图纸能够全部或部分满足项目特征描述要求的，项目特征描述可直接采用"详见××图集或××图号"的方式；但对不能满足项目特征描述要求的部分，仍应用文字描述进行补充。

2. 必须描述的内容

（1）涉及正确计量的内容必须描述。如门窗洞口尺寸或框外围尺寸，按广西工程计价规定，铝合金门窗大于2 m或小于等于2 m，其单价不同，则意味着门窗的大小直接关系到门窗的价格，因而，对门窗洞口或框外围尺寸进行描述就十分必要。

（2）涉及综合单价组价的内容必须描述。例如，找平层厚度、砂浆配合比，因为砂浆厚度和配合比不同，其价格也不同，所以必须描述。

（3）涉及材质要求的内容必须描述。例如，面层材料品种、规格、颜色，材质直接影响清单项目价格，必须描述。

（4）涉及安装方式的内容必须描述。例如，石材墙面装饰面层的安装方式。实行工程量清单计价，在招标投标工作中，招标人提供工程量清单，投标人依据工程量清单自主报价，而工程量清单的项目特征是确定一个清单项目综合单价的重要依据，类似要购买某一商品，需要了解品牌、性能等。因而，需要对工程量清单项目特征进行准确的描述，以确保投标人准确报价。

3.1.5　计量单位

我国现行相关计量规范规定，工程量清单的计量单位应按附录中规定的计量单位确定，如楼地面工程工程量计量单位为"m²"，装饰线条工程量单位为"m"等。

《房屋建筑与装饰工程工程量计算规范》（GB 50854—2013）附录中，部分清单项目的计量单位列有两个或多个。应结合拟建工程项目的实际情况及地方规范规定确定其中一个为计量单位。同一工程项目的计量单位应一致。

3.1.6　工程量计算规则

工程量应按计量规范及地方实施细则规定的工程量计算规则计算。工程计量时每一项目汇总的有效位数应遵守下列规定：

（1）以"t"为单位，应保留小数点后三位数字，第四位小数四舍五入。

（2）以"m""m²""m³""kg"为单位，应保留小数点后两位数字，第三位小数四舍五入。

（3）以"个""件""根""组""系统"为单位，应取整数。

3.1.7　单价措施项目内容

《房屋建筑与装饰工程工程量计算规范》（GB 50854—2013）对单价措施项目项目编码、项目名称、项目特征描述的内容、计量单位、工程量计算规则进行了规定，编制工程量清单时，应按《房屋建筑与装饰工程工程量计算规范》（GB 50854—2013）规定的执行。本书为了与广西现行计价文件进行衔接，单价措施项目部分按"13规范"广西壮族自治区实施细则进行编制，见表3-5。

表 3-5　单价措施项目一览表

小节编号	名称	清单项目数
S. 1	脚手架工程	13
S. 2	混凝土模板及支架（撑）	63
S. 3	垂直运输	2
S. 4	超高施工增加	1
S. 5	大型机械设备进出场及安拆	2
S. 6	施工排水、降水	2
桂 S. 8	混凝土运输及泵送	2
桂 S. 9	二次搬运费	1
桂 S. 10	已完工程保护费	7
桂 S. 11	夜间施工增加费	1
桂 S. 12	金属结构构件制作平台摊销	1
桂 S. 13	地上、地下设施、建筑物的临时保护设施	1

3.2　总价措施项目清单

　　总价措施项目以"项"为计量单位进行编制，仅列出项目编码、项目名称，未列出项目特征、计量单位和工程量计算规则，编制工程量清单时，应按《房屋建筑与装饰工程工程量计算规范》（GB 50854—2013）规定的项目编码、项目名称确定。

　　本书为了与广西现行计价文件进行衔接，总价措施项目部分按"13规范"广西壮族自治区实施细则进行编制见表 3-6。

表 3-6　总价措施项目一览表

项目编码	项目名称
桂 011801001	安全文明施工费
桂 011801002	检验试验配合费
桂 011801003	雨季施工增加费
桂 011801004	工程定位复测费
桂 011801005	暗室施工增加费
桂 011801006	交叉施工增加费
桂 011801007	特殊保健费
桂 011801008	优良工程增加费
桂 011801009	提前竣工（赶工补偿）费

3.3 税前项目清单

税前项目是指在费用计价程序的增值税项目前，根据交易习惯按市场价格进行计价的项目费用。税前项目的综合单价不按定额和清单规定程序组价，而按市场规则组价，其内容包含除增值税额外的全部费用。

3.4 其他项目、规费、税金项目清单

3.4.1 其他项目工程量清单编制

其他项目工程量清单应根据拟建工程的实际情况进行编制。其他项目工程量清单是指除分部分项工程量清单、措施项目清单所包含的内容外，因招标人的特殊要求而发生的与拟建工程有关的其他费用项目和相应数量的清单。其他项目工程量清单应按照暂列金额、暂估价、计日工和总承包服务费进行列项。

1. 暂列金额

暂列金额是指招标人在工程量清单中暂定并包括在合同价款中的一笔款项。暂列金额用于工程合同签订时尚未确定或者不可预见的所需材料、服务的采购，施工中可能发生的工程变更、合同约定调整因素出现时的合同价款调整，以及发生的索赔、现场签证等确认的费用。

暂列金额由招标人填写，列出项目名称、计算基数、费率或标准等，如不能详列，也可只列暂列金额总额，投标人再将暂列金额计入投标总价。

2. 暂估价

暂估价是指招标人在工程量清单中提供的用于支付必然发生但暂时不能确定价格的材料及专业工程的金额，包括材料设备暂估价、专业工程暂估价。

3. 计日工

计日工是指在施工过程中，承包人完成发包人提出的工程合同范围以外的零星项目或工作，按合同中约定的单价计价的一种方式。计日工综合单价应包含除增值税进项税额外的全部费用。

4. 总承包服务费

总承包服务费是指总承包人为配合、协调发包人进行的专业工程发包，对发包人自行采购的材料等进行保管，以及施工现场管理、竣工资料汇总整理等服务所需的费用，一般包括总分包管理费、总分包配合费、甲供材的采购保管费。

（1）总分包管理费是指总承包人对分包工程和分包人实施统筹管理而发生的费用，一般包括涉及分包工程的施工组织设计、施工现场管理协调、竣工资料的汇总整理等活动所发生的费用。

（2）总分包配合费是指分包人使用总承包人的现有设施所支付的费用，一般包括脚手架、垂直运输机械设备、临时设施、临时水电管线的使用，提供施工用水电及总包和分包约定的其他费用。

（3）甲供材的采购保管费是指发包人供应的材料需承包人接收及保管的费用。

总承包服务费费率与工作内容可参照定额的规定约定，也可以由甲乙双方在合同中约定按实际发生计算。

5. 停工窝工人工补贴

停工窝工人工补贴是指施工企业进入现场后，由于设计变更、停水、停电累计超过8小时（不包括周期性停水、停电），以及按规定应由建设单位承担责任的原因造成的、现场调剂不了的停工、窝工损失费用。

6. 机械台班停滞费

机械台班停滞费是指非承包商责任造成的机械停滞所发生的费用。

3.4.2　规费、税金项目清单的编制

规费属于不可竞争费用，作为相关行政部门规定必须缴纳的费用，政府和相关部门可根据形势发展的需要，对规费项目进行调整。因此，对规范未包括的规费项目，在计算规费时应根据省级政府和省级相关部门的规定进行补充。

税金按"增值税"列项，属于不可竞争费用。当国家税法发生变化或地方政府及税务部门依据职权对税种进行调整时，应对税金项目清单进行相应调整。

思政小课堂

在工程量清单编制过程中，常常存在编码错误、项目名称与项目特征描述不一致、清单与招标文件内容相冲突、清单工程量与定额工程量单位换算有误、工程量多算或少算或漏算、计算式链接错误等问题，增加后续招标答疑，引起招标时间增加，更严重的会造成投资增加等。因此，需要从业者及时吸收新的专业知识，不断提高业务能力，努力做到周密、细致、准确。

一、单选题

1. 工程量清单项目编码采用五级编码，用（   ）位阿拉伯数字表示。

  A. 9

  B. 12

  C. 15

  D. 11

2. 工程量清单项目编码的第一、二位（一级）为（   ）。

  A. 附录分类顺序码

  B. 附录内的小节工程顺序码

  C. 专业工程编码

  D. 分项工程顺序码

3. 工程量清单项目编码的第三、四位（二级）为（   ）。

  A. 附录分类顺序码

  B. 附录内的小节工程顺序码

  C. 专业工程编码

  D. 分项工程顺序码

4. 工程量清单项目编码的第五、六位（三级）为（   ）。

  A. 附录分类顺序码

  B. 附录内的小节工程顺序码

  C. 专业工程编码

  D. 分项工程顺序码

5. 工程量清单项目编码的第七～九位（四级）为（   ）。

  A. 附录分类顺序码

  B. 附录内的小节工程顺序码

  C. 专业工程编码

  D. 分项工程顺序码

6. 工程量清单项目编码的第十一～十二位（五级）为（   ）。

  A. 附录分类顺序码

  B. 附录内的小节工程顺序码

  C. 清单项目顺序码

  D. 分项工程顺序码

二、多选题

1. 下列费用中，属于不可竞争费用的有（   ）。

  A. 暂列金额

  B. 计日工

  C. 规费

  D. 税金

2. 其他项目费包括（   ）及机械台班停滞费。

  A. 暂列金额

  B. 暂估价

  C. 计日工

  D. 总承包服务费

  E. 停工窝工人工补贴

三、根据工程特征完成清单列项并正确填写表格

1. 已知：某门卫室内墙面设计采用 15 mm 厚 1∶3 水泥砂浆打底，5 mm 厚 1∶2 水泥砂浆抹面；外墙面设计采用 15 mm 厚 1∶1∶6 水泥石灰砂浆打底，5 mm 厚 1∶0.5∶3 水泥石灰砂浆抹面。要求对本工程墙面装饰进行清单列项。

项目编码	项目名称及项目特征描述	单位	工程量

2. 已知：某工程天棚做法：钢筋混凝土板底面清理干净；2.5 mm 厚 1∶3 水泥砂浆打底；5 mm 厚 1∶2 水泥砂浆抹平。要求对本工程天棚面装饰进行清单列项。

项目编码	项目名称及项目特征描述	单位	工程量

工程量清单计价

4.1　工程量清单计价程序

工程量清单计价是在统一的工程量清单项目设置规则的基础上，制定工程量清单计量规则，根据具体工程的施工图纸计算出各个清单项目的工程量，再根据各种渠道所获得的工程造价信息和经验数据计算得到工程造价。这一基本流程如图 4-1 所示。本小节主要通过案例分析的方式学习工程量清单计价程序。

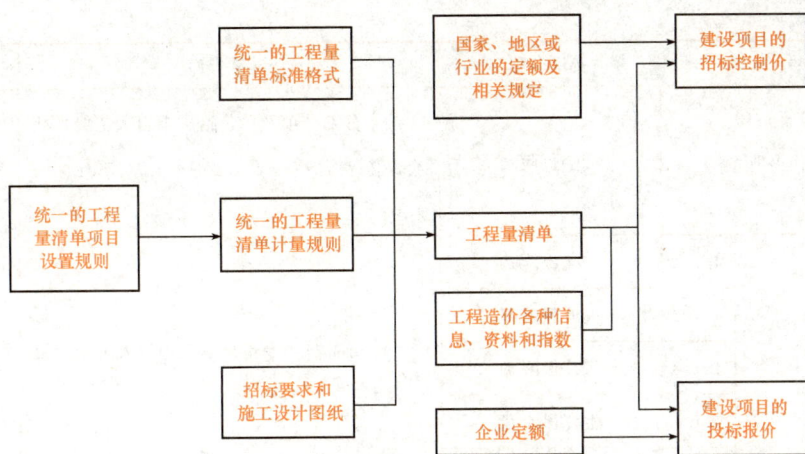

图 4-1 工程量清单计价流程

4.1.1 工程量清单计价的程序

工程量清单计价的程序见表 4-1。

表 4-1 工程量清单计价程序表

序号		费用名称	计算程序	备注
1		分部分项及单价措施项目费	$\sum$ 分部分项及单价措施项目清单工程量 × （1.1＋1.2＋1.3＋1.4＋1.5）	
清单综合单价	1.1	人工费	$\sum$ （分部分项及单价措施项目定额子目工程量×相应定额子目人工费）/清单工程量	
	1.2	材料费	$\sum$ （分部分项及单价措施项目定额子目工程量×相应定额子目材料费）/清单工程量	
	1.3	机械费	$\sum$ （分部分项及单价措施项目定额子目工程量×相应定额子目材料费）/清单工程量	
	1.4	管理费	分部分项及单价措施项目清单（人工费＋机械费）×管理费费率	
	1.5	利润	分部分项及单价措施项目清单（人工费＋机械费）×利润费率	
2		总价措施项目费	按有关规定计算	
3		其他项目费	有关规定计算	
4		规费	4.1＋4.2＋4.3	

序号		费用名称	计算程序	备注
其中	4.1	社会保险费	$\sum$ 分部分项及单价措施项目人工费×社会保险费费率＝4.1.2＋4.1.3＋4.1.4＋4.1.5	
	其中	4.1.1 养老保险费		
		4.1.2 失业保险费	$\sum$ 分部分项及单价措施项目人工费×相应费率	
		4.1.3 医疗保险费		
		4.1.4 生育保险费		
		4.1.5 工伤保险费		
	4.2	住房公积金	$\sum$ 分部分项及单价措施项目（人工费＋材料费＋机械费)×住房公积金费率	
	4.3	工程排污费	$\sum$ 分部分项及单价措施项目（人工费＋材料费＋机械费)×工程排污费费率	
5		税前项目		
6		增值税	(1＋2＋3＋4＋5＋6)×增值税税率	
7		工程总造价	1＋2＋3＋4＋5＋6＋7	

注：计算程序中的数字均为标准对应的序号

4.1.2 工程量清单计价的作用

（1）提供一个平等的竞争条件。采用定额计价编制施工图预算，由于设计图纸的缺陷，相同的工程量，由企业根据自身的实力来填写不同的单价。

（2）满足市场经济条件下竞争的需要。单价的高低直接取决于企业管理水平和技术水平的高低，这种局面加速了企业整体实力的提升，有利于我国建设市场的快速发展。

（3）有利于提高工程计价效率，能真正实现快速报价。结合自身实际自主报价，促进了各投标人企业定额的完善和工程造价信息的积累与整理，体现了现代工程建设中快速报价的特点。

4.1.3 计算实例

【例4-1】 已知：某公司拟投资建设某三层办公楼，经分析，该楼建筑工程为258.1万元，装饰装修工程为184.22万元，措施项目合计为151.59万元，暂列金额为80万元，总承包服务费为1.2万元，计日工为0.48万元，规费为34.65万元，税率按9%计。

要求：计算该办公楼的建筑装饰工程总造价。

分析：依据工程量清单计价程序，可求出该办公楼的建筑装饰工程总造价。

【解】 分部分项费用＝258.1＋184.22＝442.32（万元）

措施项目费用＝151.59万元

其他项目费用＝80＋1.2＋0.48＝81.68（万元）

规费＝34.65万元

税金＝（442.32＋151.59＋81.68＋34.65）×9%＝63.92（万元）

建筑装饰工程总造价＝442.32＋151.59＋81.68＋34.65＋63.92＝774.16（万元）

4.2 工程量清单综合单价

工程量清单计价采用综合单价计价。综合单价是指完成一个规定清单项目所需的人工费、材料和工程设备费、施工机具使用费和企业管理费、利润及一定范围内的风险费用。本小节主要通过案例分析的方式学习工程量清单综合单价的计算。

4.2.1 工程量清单综合单价的计算

工程量清单计价方式下分部分项工程项目的设置，一般以一个"综合实体"考虑，通常包括多项工程内容。所以，要计算清单项目的综合单价就必须先计算出清单项目所组合的工程内容的人工费、材料费、机械使用费、管理费、利润，然后累加得到分部分项工程费再除以清单的工程量，最终得到该清单项目的综合单价。措施项目费用计算过程与分部分项工程费计算类似。以分部分项工程量清单综合单价为例，具体计算步骤及公式如下：

（1）收集整理和熟悉相关资料。

（2）确定清单项目所含定额子目并计算定额工程量。根据工程项目特征查广西建筑装饰装修工程消耗量定额确定清单项目所包含的定额子目，根据定额计算规则计算各定额子目的工程量。注意清单工程量不一定与定额子目工程量相同。

（3）计算分部分项工程定额费用。

1）确定定额子目工料机消耗量。查广西建筑装饰装修工程消耗量定额确定定额子目工料机消耗量，结合当地市场确定工料机单价。

2）计算清单项目所含各定额子目的综合单价。

人工费＝定额子目工程量×相应定额人工费单价

材料费＝定额子目工程量×相应定额材料费单价

机械费＝定额子目工程量×相应定额机械费单价

管理费＝（人工费＋机械费）×管理费费率

利润＝（人工费＋机械费）×利润费率

定额子目综合单价＝人工费＋材料费＋机械费＋管理费＋利润

3）计算定额子目合价。

$$定额子目合价=定额子目综合单价×定额子目工程量$$

4）计算清单合价。

$$清单合价=\sum 定额子目合价$$

5）计算清单综合单价。

$$清单综合单价=清单合价÷清单工程量$$

4.2.2　计算实例

【例 4-2】　某装饰工程 2 层大厅楼地面设计为陶瓷地砖，工程量为 200 m²。若人工费、材料费及机械台班费均按 2013 年《广西壮族自治区建筑装饰装修工程消耗量定额》保持不变。该工程管理费费率取 35.72%，利润率取 10%，请计算该项目的综合单价和合价。

分析：首先查定额，计算工程量，再根据综合单价的组成计算综合单价和合价（表 4-2）。

表 4-2　陶瓷地砖楼地面消耗量定额　　　　　　　　　　单位：100 m²

工作内容：

(1) 清理基层、调制水泥砂浆、刷素水泥浆。

(2) 抹找平层、试排弹线、锯板修边、铺贴块料、擦缝、勾缝、清理净面

定额符号			A9—90	A9—91	A9—92
项目			陶瓷地砖楼地面		
			每块周长（mm 以内）		每块周长（mm 以内）
			2 400	3 200	
			水泥砂浆　离缝 8 mm		
参考基价			8 920.06	10 043.52	15 964.09
其中	人工费/元		2 226.18	2 307.36	2 854.50
	材料费/元		6 504.33	7 546.61	12 920.04
	机械费/元		189.55	189.55	189.55
编码	名称	单位	单价/元	数量	
880200029	素水泥浆	m³	465.91	0.101	0.101	0.101
880200001	水泥砂浆 1∶1	m³	303.11	0.029	0.022	0.018
880200006	水泥砂浆 1∶4	m³	204.13	2.020	2.020	2.020
061701006	陶瓷地面砖 600 mm×600 mm	m²	60.00	99.820	—	—
061701007	陶瓷地面砖 800 mm×800 mm	m²	70.00	—	100.480	—
061701008	陶瓷地面砖 1 000 mm×1 000 mm	m²	123.00	—	—	100.880

编码	名称	单位	单价/元	数量		
040112001	白水泥（综合）	t	640.00	0.025	0.025	0.025
032616007	石料切割锯片	片	40.00	0.320	0.320	0.320
021406004	棉纱头	kg	5.40	1.000	1.000	1.000
051108010	锯木屑	m³	6.50	0.600	0.600	0.600
310101065	水	m³	3.40	2.600	2.600	2.600
990317001	灰浆搅拌机（拌筒容量 200 L）	台班	90.67	0.340	0.340	0.340
91102001	石料切割机 5.5 kW 以内	台班	105.11	1.510	1.510	1.510

注：使用填缝剂填缝时，定额中的白水泥换算成填缝剂，消耗量不变

【解】 查定额 A9－91

1. 综合单价

（1）人工费＝2 307.36÷100＝23.07（元/m²）

（2）材料费＝7 546.41÷100＝75.46（元/m²）

（3）机械费＝189.55÷100＝1.90（元/m²）

（4）管理费＝(人工费＋机械费)×35.72%＝(23.07＋1.90)×35.72%
＝24.97×35.72%＝8.92（元）

（5）利润＝(人工费＋机械费)×10%＝(23.07＋1.90)×10%＝24.97×10%
＝2.50（元）

综合单价＝人工费＋材料费＋机械费＋管理费＋利润
＝23.07＋75.46＋1.90＋8.92＋2.50＝111.85（元/m²）

2. 合价

合价＝200×111.85＝22 370（元）

4.3　招标投标阶段计价

招标投标阶段计价是指投标人完成由招标人提供的工程量清单所需的全部费用，包括分部分项工程费、措施项目费、其他项目费和规费、税金。本小节主要通过案例分析的方式学习招标投标阶段的计价。

4.3.1　招标控制价

1. 招标控制价概述

招标控制价是指招标人根据国家或省级行业建设主管部门颁发的有关计价依据和办

法，及拟定的招标文件和招标工程量清单，结合工程具体情况编制的招标工程的最高投标限价。

国有资金投资的工程建设项目应实行工程量清单招标，并应编制招标控制价。我国对国有资金投资项目的投资控制实行投资概算审批制度，国有资金投资的工程原则上不能超过批准的投资概算。因此，在工程招标发包时，当编制的招标控制价超过批准的概算，招标人应当将其报原概算审批部门重新审核。

招标控制价的作用决定了招标控制价不同于标底，无须保密。为体现招标的公平、公正，防止招标人有意抬高或压低工程造价，招标人应在招标文件中如实公布招标控制价，不得对所编制的招标控制价进行上浮或下调。招标人在招标文件中公布招标控制价时，应公布招标控制价各组成部分的详细内容，不得只公布招标控制价总价。同时，招标人应将招标控制价报工程所在地的工程造价管理机构备查。

2. 招标控制价编制的依据

(1)《建设工程工程量清单计价规范》(GB 50500—2013)；

(2) 国家或省级、行业建设主管部门颁发的计价定额和计价办法；

(3) 建设工程设计文件及相关资料；

(4) 拟定的招标文件及招标工程量清单；

(5) 与建设项目相关的标准、规范、技术资料施工现场情况、工程特点及常规施工方案；

(6) 工程造价管理机构发布的工程造价信息，当工程造价信息没有发布时，参照市场价；

(7) 其他的相关资料。

3. 招标控制价的编制方法

(1) 分部分项工程费应根据招标文件中的分部分项工程量清单项目的特征描述及有关要求，按规定确定综合单价进行计算。综合单价中应包括招标文件中要求投标人承担的风险费用。招标文件提供了暂估单价的材料，按暂估的单价计入综合单价。

(2) 措施项目费应按招标文件中提供的措施项目清单确定，措施项目采用分部分项工程综合单价形式进行计价的工程量，应按措施项目清单中的工程量，并按规定确定综合单价，以"项"为单位的方式计价的，按规定确定除规费、税金外的全部费用。措施项目费中的安全文明施工费应当按照国家或省级、行业建设主管部门的规定标准计价。

(3) 其他项目费应按下列规定计价：

1) 暂列金额。暂列金额应根据工程的复杂程度、设计深度、工程环境条件（包括地质、水文、气候条件等）等进行估算，可按分部分项工程费和措施项目费合计的5%～10%作为参考。

2) 暂估价。暂估价包括材料暂估价和专业工程暂估价。暂估价中的材料单价应按照工程造价管理机构发布的工程造价信息或参考市场价格确定，暂估价中的专业工程暂估价应分不同专业，按有关计价规定估算。

3）计日工。计日工综合单价按计日工价格乘以综合费费率计算，计日工价格可参照当地工程造价管理机构发布的工程造价信息中的信息价计算或市场价确定综合单价。

4）总承包服务费。招标人应根据招标文件中列出的内容和向总承包人提出的要求，参照下列标准计算：总分包管理费按分包工程造价 1.67%（数据参考 16 费用定额）计算；总分包配合费按分包工程造价 3.89%（数据参考 16 费用定额）计算；甲供材的采购保管费，按相关规定计算。

5）招标控制价的规费和税金必须按国家或省级、行业建设主管部门的规定计算。

4.3.2 投标报价

1. 投标报价概述

投标价是投标人根据招标文件中工程量清单以投标价即"投标人投标时报出的工程合同价"及计价要求，结合施工现场实际情况及施工组织设计，按照企业工程施工定额或参照省级工程造价管理机构发布的工程定额，结合当前人工、材料、机械等市场价格信息，完成招标方工程量清单所列全部项目内容的全额费用，由投标企业自主编制确定的投标报价行为。

投标价的确定原则和对投标价编制依据的要求是自主报价，同时要贯彻执行现行国家计价规范和省级工程造价管理机构颁布的计价文件；报价不得低于企业成本。

2. 投标报价编制的依据

（1）招标文件；

（2）招标人提供的设计图纸及有关的技术说明书等；

（3）工程所在地现行的定额及与之配套执行的各种造价信息、规定等；

（4）招标人书面答复的有关资料；

（5）企业定额、类似工程的成本核算资料；

（6）其他与报价有关的各项政策、规定及调整系数等。

3. 投标报价的编制原则

（1）投标报价由投标人确定，但是必须执行《建设工程工程量清单计价规范》（GB 50500—2013）的强制性规定；

（2）投标人的投标报价不得低于工程成本；

（3）投标人必须按工程量清单填报价格；

（4）投标报价要以招标文件中设定的承发包双方责任划分，作为设定投标报价费用项目和费用计算的基础；

（5）应该以施工方案，技术措施等作为投标报价计算的基本条件；

（6）报价方法要科学严谨，简明适用。

📖 思政小课堂

清单项目单价采用综合单价法，其中包括人工费、材料费、机械费、管理费和利润等，所有单价组成部分都属于竞争价性质。由于目前施工企业技术及管理水平的限制，缺乏对成本测算资料的积累和相关经验，而且大部分工程造价从业人员已经习惯了定额计价模式，在清单单价分析上仍然存在依赖定额的思维模式。如人工费、材料费、机械费的计算，照搬预算定额的消耗量再乘以相应的人工、材料、机械单价得出；对于管理费和利润，按照工程类别套用取费定额由相应的费率得出。相当于把一个工程按清单内的细目划分为一个个独立的分部分项工程项目去套定额，其实质仍然沿用了定额计价模式，所报的单价不能真正体现企业的成本价格和工程项目的实际造价。没有充分认识到所有单价组成部分均属于竞争价性质，是企业水平的体现，更是投标报价策略体现的关键。因此，学生在实际操作过程中一定要坚持实事求是和务实的工作态度，并打破定势思维，灵活使用计价方式，不能一成不变。

复习思考题

1. 简述工程量清单计算程序。
2. 简述综合单价的概念。
3. 简述综合单价的计算方法。
4. 简述招标控制价的概念。
5. 哪些费用不得作为竞争性费用？

模块 2

工程量清单编制实务

任务 5
建筑装饰工程工程量清单编制

➡ **知识目标**

　　1. 了解建筑装饰工程工程量计算。

　　2. 掌握建筑装饰工程工程量清单编制。

➡ **能力目标**

　　能够按照工程特点编制建筑装饰工程工程量清单计算表。

➡ **素质目标**

　　1. 通过工程量清单计算表的编制，培养学生具备查阅资料的能力。

　　2. 通过将所学的理论知识与实际工程结合起来，培养学生具备独立思考问题、解决问题的能力。

　　3. 通过相关案例训练提高学生的动手能力。

5.1　楼地面装饰工程

　　楼地面装饰工程由整体面层及找平层、块料面层、橡塑面层、其他材料面层、踢脚线、楼梯面层、台阶装饰、零星装饰项目 8 个子分部工程组成。本小节主要通过案例分析的方式学习楼地面装饰工程工程量清单的编制。

5.1.1　整体面层及找平层

　　整体面层及找平层工程量清单项目的设置、项目特征描述的内容、计量单位及工程量计算规则应按表 5-1 的规定执行。

表 5-1　整体面层及找平层（编码：011101）

项目编码	项目名称	项目特征	计量单位	工程量计算规则	工作内容
011101001	水泥砂浆楼地面	1. 找平层厚度、砂浆配合比 2. 素水泥浆遍数 3. 面层厚度、砂浆配合比 4. 面层做法要求			1. 基层清理 2. 抹找平层 3. 抹面层 4. 材料运输
011101002	现浇水磨石楼地面	1. 找平层厚度、砂浆配合比 2. 面层厚度、水泥石子浆配合比 3. 嵌条材料种类、规格 4. 石子种类、规格、颜色 5. 颜料种类，颜色 6. 图案要求 7. 磨光、酸洗、打蜡要求		按设计图示尺寸以面积计算。扣除凸出地面构筑物、设备基础、室内铁道、地沟等所占面积，不扣除间壁墙及≤0.3 m² 柱、垛、附墙烟囱及孔洞所占面积。门洞、空圈、暖气包槽、壁龛的开口部分不增加面积	1. 基层清理 2. 抹找平层 3. 面层铺设 4. 嵌缝条安装 5. 磨光、酸洗打蜡 6. 材料运输
011101003	细石混凝土楼地面	1. 找平层厚度、砂浆配合比 2. 面层厚度、混凝土强度等级	m²		1. 基层清理 2. 抹找平层 3. 面层铺设 4. 材料运输
011101004	菱苦土楼地面	1. 找平层厚度、砂浆配合比 2. 面层厚度 3. 打蜡要求			1. 基层清理 2. 抹找平层 3. 面层铺设 4. 打蜡 5. 材料运输
011101005	自流坪楼地面	1. 找平层砂浆配合比、厚度 2. 界面剂材料种类 3. 中层漆材料种类、厚度 4. 面漆材料种类、厚度 5. 面层材料种类			1. 基层处理 2. 抹找平层 3. 涂界面剂 4. 涂刷中层漆 5. 打磨、吸尘 6. 镘自流平面漆（浆） 7. 拌合自流平浆料 8. 铺面层
011101006	平面砂浆找平层	找平层厚度、砂浆配合比		按设计图示尺寸以面积计算	1. 基层清理 2. 抹找平层 3. 材料运输

注：1. 水泥砂浆面层处理是拉毛还是提浆压光应在面层做法要求中描述。
　　2. 平面砂浆找平层只适用于仅做找平层的平面抹灰。
　　3. 间壁墙指墙厚≤120 mm 的墙。
　　4. 楼地面混凝土垫层另按《房屋建筑与装饰工程工程量计算规范》（GB 50854—2013）附录 E.1 垫层项目编码列项，除混凝外的其他材料垫层按《房屋建筑与装饰工程工程量计算规范》（GB 50854—2013）表 D.4 垫层项目编码列项

5.1.2　计算实例

【例5-1】　已知：某办公室一层地面做法如图5-1所示：素土夯实；地面现浇60 mm厚C10商品混凝土垫层；地面1∶3水泥砂浆找平层20 mm厚；地面1∶2水泥砂浆面层20 mm厚。

要求：编制该地面面层做法的工程量清单。

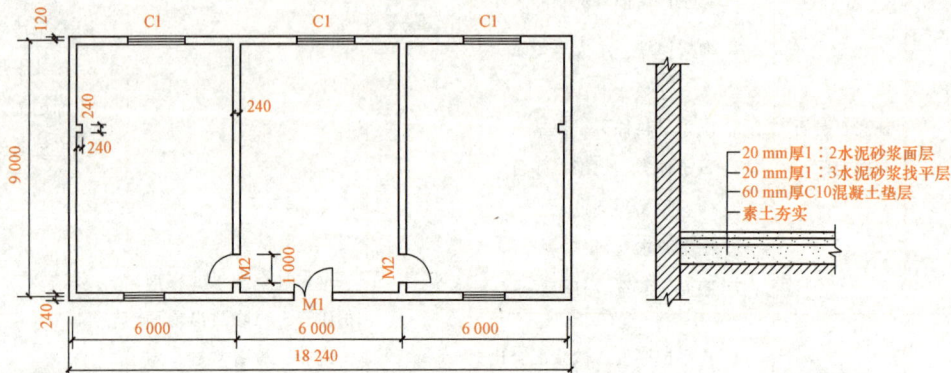

图5-1　平面图及地面节点图

【解】　（1）项目编码：011101001001。

（2）项目名称：水泥砂浆楼地面。

（3）项目特征。

1）找平层厚度、砂浆配合比：20 mm厚1∶3水泥砂浆。

2）面层厚度、砂浆配合比：20 mm厚1∶2水泥砂浆。

（4）单位：m²。

（5）工程量计算规则：按设计图示尺寸以面积计算。扣除凸出地面构筑物、设备基础、室内铁道、地沟等所占面积，不扣除间壁墙及≤0.3 m²柱、垛、附墙烟囱及孔洞所占面积。门洞、空圈、暖气包槽、壁龛的开口部分不增加面积。

（6）工程量计算 $S=(6-0.24)\times(9-0.24)\times3=151.37$（m²）

（7）表格填写见表5-2。

表5-2　分部分项工程和单价措施项目清单与计价表

工程名称：×××　　　　　　　　　　　　　　　　　　　　　　　　　第　页　共　页

序号	项目编码	项目名称及项目特征描述	计量单位	工程量	金额/元		
					综合单价	合价	其中：暂估价
	0111	楼地面工程					
1	011101001001	水泥砂浆楼地面： ①找平层厚度、砂浆配合比：20 mm厚1∶3水泥砂浆； ②面层厚度、砂浆配合比：20 mm厚1∶2水泥砂浆	m²	151.37			

【例 5-2】 已知：某建筑装饰施工图，墙厚为 240 mm，地面采用 800 mm×800 mm 花岗石板；踢脚线高为 120 mm，采用 20 mm 厚 1∶3 水泥砂浆粘贴，用白水泥擦缝，表面刷养护液（门侧不做踢脚线），如图 5-2 所示。

要求：编制该地面做法的工程量清单。

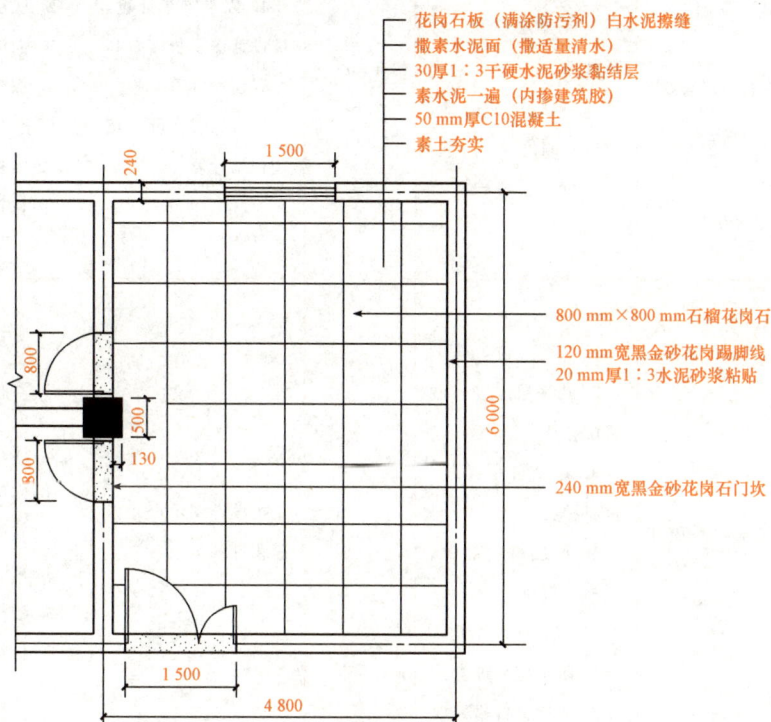

花岗石板（满涂防污剂）白水泥擦缝
撒素水泥面（撒适量清水）
30厚1∶3干硬水泥砂浆黏结层
素水泥一遍（内掺建筑胶）
50 mm厚C10混凝土
素土夯实

800 mm×800 mm石榴花岗石
120 mm宽黑金砂花岗石踢脚线
20 mm厚1∶3水泥砂浆粘贴

240 mm宽黑金砂花岗石门坎

图 5-2　平面图及材料展示

分析：依据《房屋建筑与装饰工程工程量计算规范》（GB 50854—2013），查阅块料面层、踢脚线、零星装饰项目可得石材楼地面、石材踢脚线、零星项目的相应规范，见表 5-3。

表 5-3　石材楼地面、石材踢脚线、石材零星项目清单规范

项目编码	项目名称	项目特征	计量单位	工程量计算规则	工作内容
011102001	石材楼地面	1. 找平层厚度、砂浆配合比 2. 结合层厚度、砂浆配合比 3. 面层材料品种、规格、颜色 4. 嵌缝材料种类 5. 防护层材料种类 6. 酸洗、打蜡要求	m²	按设计图示尺寸以面积计算。门洞、空圈、暖气包槽、壁龛的开口部分并入相应的工程量内	1. 基层清理 2. 抹找平层 3. 面层铺贴、磨边 4. 嵌缝 5. 刷防护材料 6. 酸洗、打蜡 7. 材料运输

项目编码	项目名称	项目特征	计量单位	工程量计算规则	工作内容
011105002	石材踢脚线	1. 踢脚线高度 2. 粘贴层厚度、材料种类 3. 面层材料品种、规格、颜色 4. 防护材料种类	1. m² 2. m	1. 以平方米计量，按设计图示长度乘高度以面积计算 2. 以米计量，按延长米计算	1. 基层清理 2. 底层抹灰 3. 面层铺贴、磨边 4. 擦缝 5. 磨光、酸洗、打蜡 6. 刷防护材料 7. 材料运输
011108001	石材零星项目	1. 工程部位 2. 找平层厚度、砂浆配合比 3. 贴结合层厚度、材料种类 4. 面层材料品种、规格、颜色 5. 勾缝材料种类 6. 防护材料种类 7. 酸洗、打蜡要求	m²	按设计图示尺寸以面积计算	1. 清理基层 2. 抹找平层 3. 面层铺贴、磨边 4. 勾缝 5. 刷防护材料 6. 酸洗、打蜡 7. 材料运输

注意：在进行建筑装饰工程量计算中，要根据图纸的实际尺寸计算，如石材施工项目中，应扣除柱脚等部位工程量。

【解】 （1）石材楼地面。

1）项目编码：011102001001。

2）项目名称：石材楼地面。

3）项目特征：

①找平层厚度、砂浆配合比：50 mm 厚 C10 混凝土。

②结合层厚度、砂浆配合比：30 mm 厚 1：3 干硬水泥砂浆黏结层。

③面层材料品种、规格、颜色：石榴花岗石，800 mm×800 mm。

④嵌缝材料种类：白水泥。

⑤防护层材料种类：满涂防污剂。

4）单位：m²。

5）工程量计算规则：按设计图示尺寸以面积计算。门洞、空圈、暖气包槽、壁龛的开口部分并入相应的工程量内。

6）工程量计算 $S=(4.8-0.24)\times(6-0.24)-0.5\times0.13=26.20$（$m^2$）

7）表格填写（表5-4）。

（2）石材踢脚线。

1）项目编码：011105002001。

2）项目名称：石材踢脚线。

3）项目特征：

①踢脚线高度：120 mm。

②粘贴层厚度、材料、种类：20 mm厚1∶3水泥砂浆粘贴。

③面层材料品种、规格、颜色：黑金砂花岗踢脚线。

4）单位：m。

5）工程量计算规则：以平方米计量，按设计图示长度乘高度以面积计算。

6）工程量计算。

①室内四周踢脚线的周长：$L_1=(4.8-0.24+6-0.24)\times2=20.64$（m）

②应加柱子两侧的踢脚线长度：$L_2=0.13\times2=0.26$（m）

③应扣门洞口长度：$L_3=0.8\times2+1.5=3.10$（m）

室内踢脚线的工程量$=(20.64+0.26-3.1)\times0.12=2.14$（$m^2$）

7）表格填写（表5-4）。

（3）石材零星项目。

1）项目编码：011108001001。

2）项目名称：石材零星项目。

3）项目特征。

①工程部位：门槛。

②找平层厚度、砂浆配合比：50 mm厚C15混凝土。

③贴结合层厚度、材料种类：30 mm厚1∶3干硬性水泥砂浆。

④面层材料品种、规格、颜色：240 mm宽黑金砂花岗石门槛。

⑤勾缝材料种类：白水泥。

⑥防护材料种类：刷养护液体。

4）单位：m^2。

5）工程量计算规则：按设计图示尺寸以面积计算。

6）工程量计算：$S=(0.8+0.8+1.5)\times0.24=0.74$（$m^2$）

7）表格填写（表5-4）。

表 5-4　石材施工工程清单

工程名称：×××　　　　　　　　　　　　　　　　　　　　　　　第　页　共　页

序号	项目编码	项目名称及项目特征描述	计量单位	工程量	金额/元		
					综合单价	合价	其中：暂估价
	0111	楼地面工程					
1	011102001001	石材楼地面 ①找平层厚度、砂浆配合比：50 mm 厚 C10 混凝土。 ②结合层厚度、砂浆配合比：30 mm 厚 1∶3 干硬水泥砂浆黏结层。 ③面层材料品种、规格、颜色：石榴花岗石，800 mm×800 mm。 ④嵌缝材料种类：白水泥。 ⑤防护层材料种类：满涂防污剂	m²	26.20			
2	011105002001	石材踢脚线 ①踢脚线高度：120 mm。 ②粘贴层厚度、材料、种类：20 mm 厚 1∶3 水泥砂浆粘贴。 ③面层材料品种、规格、颜色：黑金砂花岗踢脚线	m²	2.14			
3	011108001001	石材零星项目（花岗石门槛） ①工程部位：门槛。 ②找平层厚度、砂浆配合比：50 mm 厚 C15 混凝土。 ③贴结合层厚度、材料种类：30 mm 厚 1∶3 干硬性水泥砂浆。 ④面层材料品种、规格、颜色：240 mm 宽黑金砂花岗石门槛。 ⑤勾缝材料种类：白水泥。 ⑥防护材料种类：刷养护液体	m²	0.74			

5.2 墙、柱面装饰与隔断、幕墙工程

墙、柱面装饰与隔断、幕墙工程由墙面抹灰、柱（梁）面抹灰、零星抹灰、墙面块料面层、柱（梁）面镶贴块料、镶贴零星块料、墙饰面、柱（梁）饰面、幕墙工程、隔断10个子分部工程组成。本小节主要通过案例分析的方式学习墙、柱面装饰与隔断、幕墙工程工程量清单的编制。

5.2.1 墙面抹灰

墙面抹灰工程量清单项目的设置、项目特征描述的内容、计量单位及工程量计算规则应按表 5-5 的规定执行。

表 5-5　墙面抹灰（编码：011201）

项目编码	项目名称	项目特征	计量单位	工程量计算规则	工作内容
011201001	墙面一般抹灰	1. 墙体类型 2. 底层厚度、砂浆配合比 3. 面层厚度、砂浆配合比 4. 装饰面材料种类 5. 分格缝宽度、材料种类	m²	按设计图示尺寸以面积计算。扣除墙裙、门窗洞口及单个＞0.3 m² 的孔洞面积，不扣除踢脚线、挂镜线和墙与构件交接处的面积，门窗洞口和孔洞的侧壁及顶面不增加面积。附墙柱、梁、垛、烟囱侧壁并入相应的墙面面积内。 1. 外墙抹灰面积按外墙垂直投影面积计算。 2. 外墙裙抹灰面积按其长度乘以高度计算。	1. 基层清理 2. 砂浆制作、运输 3. 底层抹灰 4. 抹面层 5. 抹装饰面 6. 勾分格缝
011201002	墙面装饰抹灰				
011201003	墙面勾缝	1. 勾缝类型 2. 勾缝材料种类		3. 内墙抹灰面积按主墙间的净长乘以高度计算。 （1）无墙裙，高度按室内楼地面至天棚底面计算。 （2）有墙裙，高度按墙裙顶至天棚底面计算。 （3）有吊顶天棚抹灰，高度算至天棚底。 4. 内墙裙抹灰面按内墙净长乘以高度计算	1. 基层清理 2. 砂浆制作、运输 3. 勾缝
011201004	立面砂浆找平层	1. 基层类型 2. 找平层砂浆厚度、配合比			1. 基层清理 2. 砂浆制作、运输 3. 抹灰找平

5.2.2 计算实例

【例5-3】 已知：某单层砖混结构仓库工程设计平面布置图、剖面图如图5-3所示，无女儿墙，板厚为100 mm。内、外墙墙厚均为240 mm，踢脚线高度为150 mm；设计C1尺寸为1 500 mm×1 800 mm，M1尺寸为1 000 mm×2 100 mm。内墙采用1∶1∶6混合砂浆打底15 mm厚，1∶0.5∶3混合砂浆抹面5 mm。

要求：编制内墙面一般抹灰项目的工程量清单。

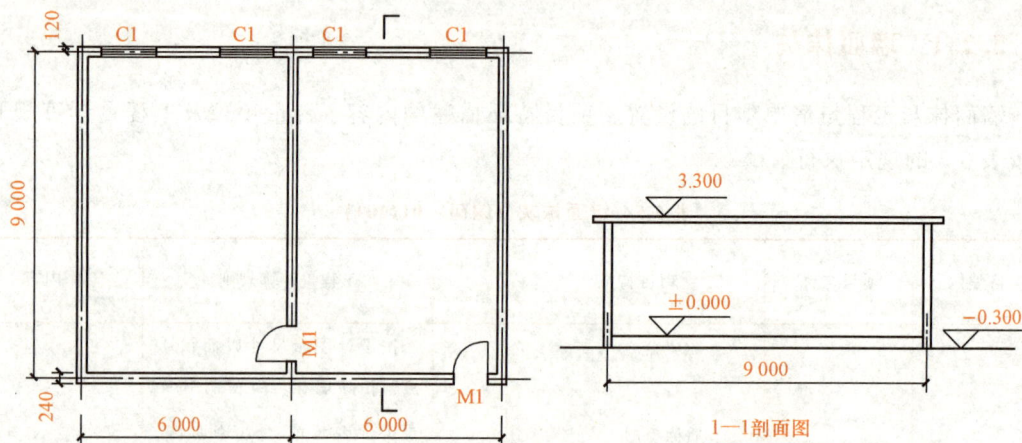

图5-3 平面图及剖面图

【解】 （1）项目编码：011201001001。

（2）项目名称：内墙一般抹灰。

（3）项目特征：

1）墙体类型：砖墙。

2）底层厚度、砂浆配合比：15 mm厚1∶1∶6混合砂浆。

3）面层厚度、砂浆配合比：5 mm厚1∶0.5∶3混合砂浆。

（4）单位：m^2。

（5）工程量计算规则：按设计图示尺寸以面积计算。

（6）工程量计算。

1）抹灰的高度 $H=3.3-0.1=3.2$ （m）

2）计算的长度 $L=[(6-0.24)+(9-0.24)]\times2\times2=58.08$ （m）

3）应扣除门窗洞口面积$=1\times2.1\times3+1.5\times1.8\times4=17.1$ （m^2）

内墙抹灰工程量 $S=①×②-③=3.2\times58.08-17.1=168.76$ （m^2）

（7）表格填写（表5-6）。

表 5-6　分部分项工程和单价措施项目清单与计价表

工程名称：×××　　　　　　　　　　　　　　　　　　　　　　　　　　第　页　共　页

序号	项目编码 0112	项目名称及项目特征描述 墙、柱面工程	计量单位	工程量	金额/元		
					综合单价	合价	其中：暂估价
1	011201001001	内墙一般抹灰： （1）墙体类型：砖墙。 （2）底层厚度、砂浆配合比：15 mm 厚 1：1：6 混合砂浆。 （3）面层厚度、砂浆配合比：5 mm 厚 1：0.5：3 混合砂浆	m²	168.76			

【例 5-4】　已知：某工程如图 5-4 所示，板厚为 100 mm，内砖墙墙面抹灰 1：0.5：3 混合砂浆打底 15 mm 厚，1：1：6 混合砂浆面层 5 mm 厚，双飞粉腻子两遍；内墙裙采用 1：3 水泥砂浆打底 15 mm 厚，1：1 水泥砂浆贴 300 mm×300 mm 的陶瓷面砖，墙裙高为 900 mm。木门 M：1 000 mm×2 100 mm，共 3 个，门框厚为 100 mm，按墙中心线安装；70 系列铝合金推拉窗 C：1 500 mm×1 800 mm，共 2 个，靠外墙安装。

要求：编制内墙面抹灰、墙裙工程量清单。

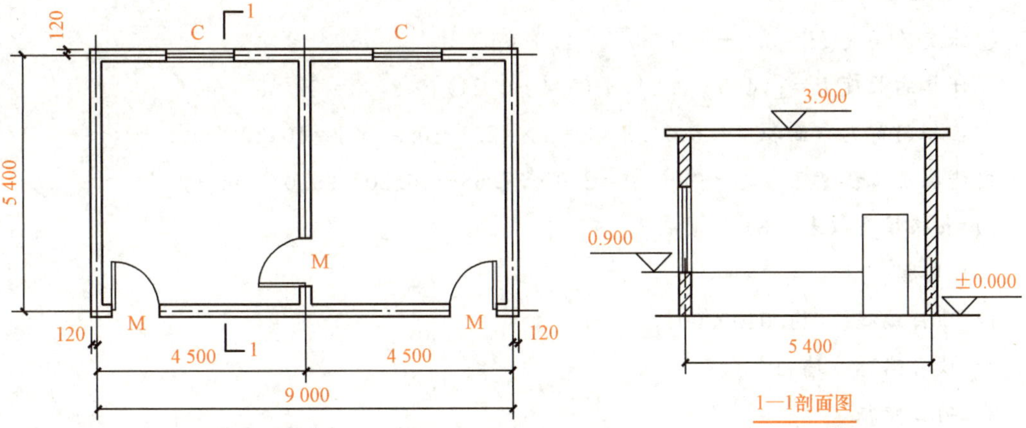

图 5-4　平面图及剖面图

分析：依据《房屋建筑与装饰工程工程量计算规范》（GB 50854—2013），查阅墙面一般抹灰的规范，见表 5-5；墙面块料面层相关规范，见表 5-7。

表 5-7　块料墙面

项目编码	项目名称	项目特征	计量单位	工程量计算规则	工作内容
011204003	块料墙面	1. 墙体类型 2. 安装方式 3. 面层材料品种、规格、颜色 4. 缝宽、嵌缝材料种类 5. 防护材料种类 6. 磨光、酸洗、打蜡要求	m²	按镶贴表面积计算	1. 基层清理 2. 砂浆制作、运输 3. 黏结层铺贴 4. 面层安装 5. 嵌缝 6. 刷防护材料 7. 磨光、酸洗、打蜡

【解】　（1）内墙一般抹灰。

1）项目编码：011201001001。

2）项目名称：内墙一般抹灰。

3）项目特征：

①墙体类型：砖墙。

②底层厚度、砂浆配合比：15 mm 厚 1∶0.5∶3 混合砂浆。

③面层厚度、砂浆配合比：5 mm 厚 1∶1∶6 混合砂浆。

4）单位：m²。

5）工程量计算规则：按设计图示尺寸以面积计算。

6）工程量计算。

①抹灰的高度 $H=3.9-0.9-0.1=2.9$（m）

②计算的长度 $L=[(4.5-0.24)+(5.4-0.24)]\times2\times2=37.68$（m）

③应扣门窗洞口面积 $=1.5\times1.8\times2+1\times(2.1-0.9)\times4=10.20$（m²）

内墙抹灰工程量 $S=$①$\times$②$-$③$=2.9\times37.68-10.20=99.07$（m²）

7）表格填写（表 5-8）。

（2）墙裙。

1）项目编码：011204003001。

2）项目名称：墙裙。

3）项目特征：

①墙体类型：砖墙。

②安装方式：15 mm 厚 1∶3 水泥砂浆打底，1∶1 水泥砂浆粘贴。

③面层材料品种、规格、颜色：300 mm×300 mm 陶瓷面砖。

4）单位：m²。

5）工程量计算规则：按镶贴表面积计算。

6）工程量计算。

①墙裙的高度 $H=0.9$ m

②墙裙计算的长度 $L=[(4.5-0.24)+(5.4-0.24)]\times2\times2=37.68$（m）

③应扣门洞口面积 $S=1\times0.9\times4=3.60$（m²）

④加门洞口侧壁 $S=(0.24-0.1)\times0.9\times3\times2=0.76$（m²）

内墙墙裙工程量 $S=①\times②-③+④=0.9\times37.68-3.6+0.76=31.07$（m²）

7）表格填写（表5-8）。

表 5-8　分部分项工程和单价措施项目清单与计价表

工程名称：×××　　　　　　　　　　　　　　　　　　　　　　第 页 共 页

序号	项目编码	项目名称及项目特征描述	计量单位	工程量	金额/元		
					综合单价	合价	其中：暂估价
	0111	墙、柱面工程					
1	011201001001	内墙一般抹灰： (1) 墙体类型：砖墙。 (2) 底层厚度、砂浆配合比：5 mm 厚 1∶0.5∶3 混合砂浆。 (3) 面层厚度、砂浆配合比：15 mm 厚 1∶1∶6 混合砂浆	m²	99.07			
2	011204003001	块料墙面： (1) 墙体类型：砖墙。 (2) 安装方式：15 mm 厚 1∶3 水泥砂浆打底，1∶1 水泥砂浆粘贴。 (3) 面层材料品种、规格、颜色：300 mm×300 mm 陶瓷面砖	m²	31.07			

5.3　天棚工程

天棚工程由天棚抹灰、天棚吊顶、采光天棚、天棚其他装饰共 4 个子分部工程组成。本小节主要通过案例分析的方式学习天棚工程工程量清单的编制。

5.3.1 天棚抹灰

天棚抹灰工程量清单项目的设置、项目特征描述的内容、计量单位及工程量计算规则应按表5-9的规定执行。

表 5-9 天棚抹灰

项目编码	项目名称	项目特征	计量单位	工程量计算规则	工作内容
011301001	天棚抹灰	1. 基层类型 2. 抹灰厚度、材料种类 3. 砂浆配合比	m²	按设计图示尺寸以水平投影面积计算。不扣除间壁墙、垛、柱、附墙烟囱、检查口和管道所占的面积，带梁天棚的梁两侧抹灰面积并入天棚面积内，板式楼梯底面抹灰按斜面积计算，锯齿形楼梯底板抹灰按展开面积计算	1. 基层清理 2. 底层抹灰 3. 抹面层

5.3.2 计算实例

【例5-5】 已知：某工程建筑平面图、梁结构图如5-5所示，轴线居墙（梁）中，墙体厚度均为240 mm，板厚为100 mm，现浇混凝土天棚做法为5 mm厚1：1：4混合砂浆底、5 mm厚1：0.5：3混合砂浆面。

要求：编制天棚抹灰项目的工程量清单。

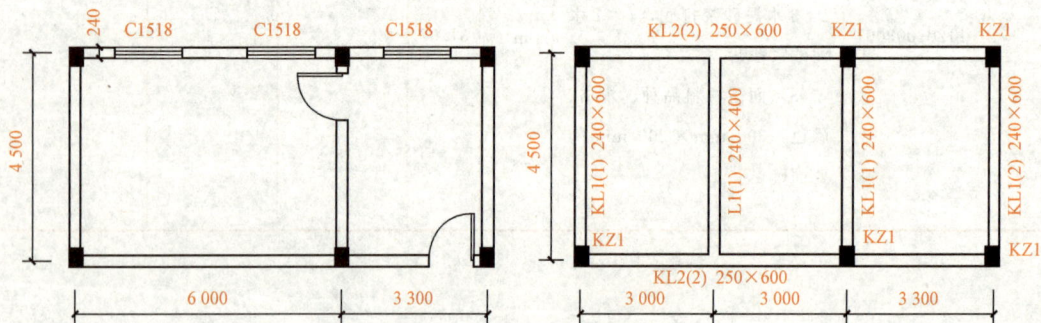

图 5-5 平面图及梁结构图

【解】 天棚抹灰：

(1) 项目编码：011301001001。

(2) 项目名称：天棚抹灰。

（3）项目特征：

1）基层类型：现浇混凝土天棚面。

2）抹灰厚度、材料种类：5 mm 厚 1：1：4 混合砂浆底。

3）砂浆配合比：5 mm 厚 1：0.5：3 混合砂浆面。

（4）单位：m²。

（5）工程量计算规则：按设计图示尺寸以水平投影面积计算。

（6）工程量计算。

1）主墙面间净面积＝(6－0.24)×(4.5－0.24)＋(3.3－0.24)×(4.5－0.24)

$$＝37.57（m^2）$$

2）L1 梁侧面抹灰面积＝(0.4－0.1)×(4.5－0.25)×2＝2.55（m²）

天棚抹灰工程量 S＝①＋②＝37.57＋2.55＝40.12（m²）

（7）表格填写（表 5-10）。

表 5-10　分部分项工程和单价措施项目清单与计价表

工程名称：×××　　　　　　　　　　　　　　　　　　　　　　　　　　　　第　页　共　页

序号	项目编码	项目名称及项目特征描述	计量单位	工程量	金额/元		
					综合单价	合价	其中：暂估价
	0113	天棚工程					
1	011301001001	天棚抹灰： （1）基层类型：现浇混凝土天棚面。 （2）抹灰厚度、材料种类：5 mm 厚 1：1：4 混合砂浆底。 （3）砂浆配合比：5 mm 厚 1：0.5：3 混合砂浆面	m²	40.12			

【例 5-6】　已知：某小会议室天棚吊顶平面图与剖面图如图 5-6 所示。采用 C 形钢筋龙骨不上人普通纸面石膏板吊顶，墙厚为 240 mm。天棚做法：采用 φ8 mm 钢筋吊杆，中距横向 350 mm，纵向 700 mm；C 形轻钢覆面次龙骨 CB50 mm×20 mm，间距为 350 mm，横撑龙骨 CB50 mm×20 mm，中距 1 000 mm。纸面石膏板规格 2 400 mm×1 200 mm×9.5 mm，采用自攻螺钉与龙骨固定，满刮 2 mm 厚面层耐水腻子找平，接缝处采用贴嵌缝带，刮腻子抹平；满刷防潮涂料两遍，横、纵各刷一遍。

要求：编制天棚吊顶项目的工程量清单。

分析：依据《房屋建筑与装饰工程工程量计算规范》（GB 50854—2013），查阅附录，找到吊顶天棚、木窗帘盒的规范，见表 5-11。由于吊筋的长度有 800 mm 与 1 000 mm 两种，此处将吊顶天棚分两处列项。

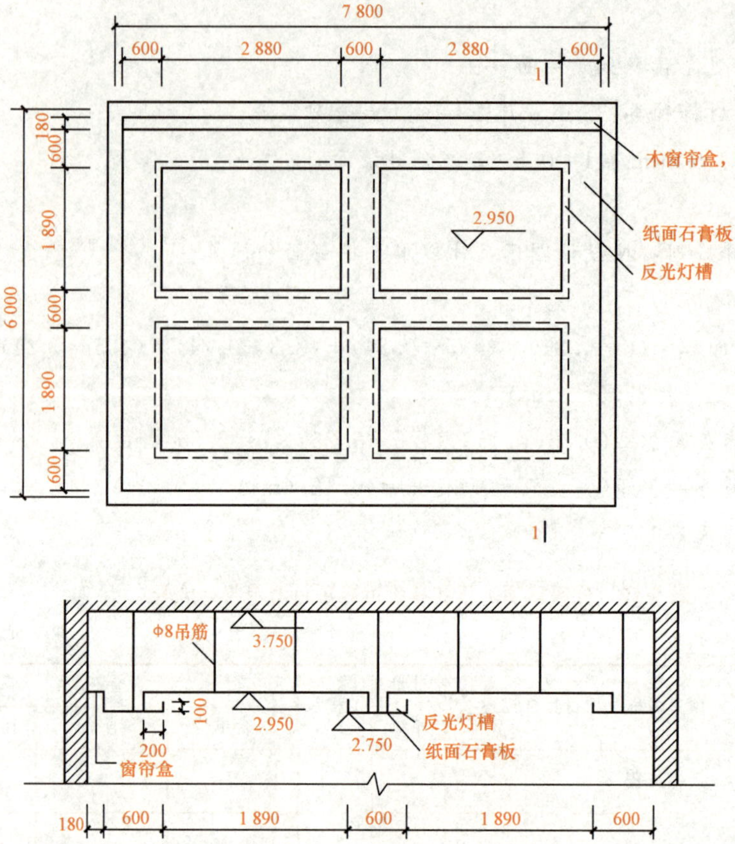

图 5-6 平面图及 1—1 剖面图

表 5-11 吊顶天棚、木窗帘盒

项目编码	项目名称	项目特征	计量单位	工程量计算规则	工作内容
011302001	吊顶天棚	1. 吊顶形式，吊杆规格、高度 2. 龙骨材料种类、规格、中距 3. 基层材料种类、规格 4. 面层材料品种、规格 5. 压条材料种类、规格 6. 嵌缝材料种类 7. 防护材料种类	m²	按设计图示尺寸以水平投影面积计算。天棚面中的灯槽及跌级、锯齿形、吊挂式、藻井式天棚面积不展开计算。不扣除间壁墙、检查口、附墙烟囱、柱垛和管道所占面积，扣除单个>0.3 m²的孔洞、独立柱及与天棚相连的窗帘盒所占的面积	1. 基层清理、吊杆安装 2. 龙骨安装 3. 基层板铺贴 4. 面层铺贴 5. 嵌缝 6. 刷防护材料
010810002	木窗帘盒	1. 窗帘盒材质、规格 2. 防护材料种类	m	按设计图示尺寸以长度计算	1. 制作、运输、安装 2. 刷防护材料

【解】 （1）装配0.8 m长的吊顶。

1）项目编码：011302001001。

2）项目名称：吊顶天棚。

3）项目特征：

①吊顶形式、吊杆规格、高度：C形钢筋龙骨不上人普通纸面石膏板吊顶；φ8 mm钢筋吊筋，800 mm。

②龙骨材料种类、规格、中距：C形轻钢覆面次龙骨CB50 mm×20 mm，间距为350 mm；横撑龙骨CB50 mm×20 mm，中距1 000 mm。

③基层材料种类、规格：普通纸面石膏板，2 400 mm×1 200 mm×9.5 mm。

④面层材料品种、规格：满刮2 mm厚面层耐水腻子找平，刮腻子抹平。

⑤嵌缝材料种类：贴嵌缝带。

4）单位：m^2。

5）工程量计算规则：按设计图示尺寸以水平投影面积计算。

6）工程量计算。

0.8 m高吊顶天棚的面积＝（2.88＋0.2×2）×（1.89＋0.2×2）×4＝30.04（m^2）

7）表格填写（表5-12）。

（2）装配1 m长的吊顶。

1）项目编码：011302001002。

2）项目名称：吊顶天棚。

3）项目特征：

①吊顶形式、吊杆规格、高度：C形钢筋龙骨不上人普通纸面石膏板吊顶；φ8 mm钢筋吊筋，1 000 mm。

②龙骨材料种类、规格、中距：C形轻钢覆面次龙骨CB50 mm×20 mm，间距为350 mm；横撑龙骨CB50 mm×20 mm，中距1 000 mm。

③基层材料种类、规格：普通纸面石膏板，2 400 mm×1 200 mm×9.5 mm。

④面层材料品种、规格：满刮2 mm厚面层耐水腻子找平，刮腻子抹平。

⑤嵌缝材料种类：贴嵌缝带。

4）单位：m^2。

5）工程量计算规则：按设计图示尺寸以水平投影面积计算。

6）工程量计算。

①房间吊顶天棚水平投影面积＝（7.8－0.12×2）×（6－0.12×2）＝43.55（m^2）

②扣除与吊顶连接的窗帘盒的面积＝0.18×（7.8－0.12×2）＝1.36（m^2）

③扣除0.8 m吊顶天棚的面积＝30.04（m^2）

1 m高吊顶天棚的面积＝①－②－③＝43.55－1.36－30.04＝12.15（m^2）

7）表格填写（表5-12）。

（3）木窗帘盒。

1）项目编码：010810002001。

2）项目名称：木窗帘盒。

3）项目特征：

①窗帘盒材质、规格：木工板，180 mm×7 800 mm。

②防护材料种类：刷乳胶漆两遍。

4）单位：m。

5）工程量计算规则：按设计图示尺寸以长度计算。

6）工程量计算。

木窗帘盒长度＝7.8－0.12×2＝7.56（m）

7）表格填写（表 5-12）。

表 5-12　分部分项工程和单价措施项目清单与计价表

工程名称：×××　　　　　　　　　　　　　　　　　　　　　　第　页　共　页

序号	项目编码	项目名称及项目特征描述	计量单位	工程量	金额/元		
					综合单价	合价	其中：暂估价
	0113	天棚工程					
1	011302001001	（1）吊顶形式、吊杆规格、高度：C 形钢筋龙骨不上人普通纸面石膏板吊顶；φ8 mm 钢筋吊筋，800 mm。 （2）龙骨材料种类、规格、中距：C 形轻钢覆面次龙骨 CB50 mm × 20 mm，间距 350 mm；横撑龙骨 CB50 mm× 20 mm，中距 1 000 mm。 （3）基层材料种类、规格：普通纸面石膏板，2 400 mm× 1 200 mm×9.5 mm。 （4）面层材料品种、规格：满刮 2 mm 厚面层耐水腻子找平，刮腻子抹平。 （5）嵌缝材料种类：贴嵌缝带	m²	30.04			

序号	项目编码	项目名称及项目特征描述	计量单位	工程量	金额/元		
					综合单价	合价	其中：暂估价
2	011302001002	（1）吊顶形式、吊杆规格、高度：C形钢筋龙骨不上人普通纸面石膏板吊顶；φ8 mm钢筋吊筋，1 000 mm。 （2）龙骨材料种类、规格、中距：C形轻钢覆面次龙骨CB50 mm×20 mm，间距350 mm；横撑龙骨CB50 mm×20 mm，中距1 000 mm。 （3）基层材料种类、规格：普通纸面石膏板，2 400 mm×1 200 mm×9.5 mm。 （4）面层材料品种、规格：满刮2 mm厚面层耐水腻子找平，刮腻子抹平。 （5）嵌缝材料种类：贴嵌缝带	m²	12.15			
3	010810002001	（1）窗帘盒材质、规格：木工板，180 mm宽。 （2）防护材料种类：刷乳胶漆两遍	m	7.56			

5.4 门窗工程

　　门窗工程由木门，金属门，金属卷帘（闸）门，厂库房大门、特种门，其他门，木窗，金属窗，门窗套，窗台板，窗帘、窗帘盒、轨共10个子分部工程组成。本小节主要通过案例分析的方式学习门窗工程工程量清单的编制。

5.4.1　木门

　　木门工程量清单项目的设置、项目特征描述的内容、计量单位及工程量计算规则应按表5-13的规定执行。

表 5-13　木门（编号：010801）

项目编码	项目名称	项目特征	计量单位	工程量计算规则	工作内容
010801001	木质门	1. 门代号及洞口尺寸 2. 镶嵌玻璃品种、厚度	1. 樘 2. m²	1. 以樘计量，按设计图示数量计量 2. 以平方米计量，按设计图示洞口尺寸以面积计算	1. 门安装 2. 玻璃安装 3. 五金安装
010801002	木质门带套				
010801003	木质连窗门				
010801004	木质防火门				
010801005	木门框	1. 门代号及洞口尺寸 2. 框截面尺寸 3. 防护材料种类	1. 樘 2. m	1. 以樘计量，按设计图示数量计量 2. 以米计量，按设计图示框的中心线以延长米计算	1. 木门框制作、安装 2. 运输 3. 刷防护材料
010801006	门锁安装	1. 锁品种 2. 锁规格	个（套）	按设计图示数量计算	安装

注：1. 木质门应区分镶板木门、企口木板门、实木装饰门、胶合板门、夹板装饰门、木纱门、全玻门（带木质扇框）、木质半玻门（带木质扇框）等项目，分别编码列项。

2. 木门五金应包括折页、插销、门碰珠、弓背拉手、搭机、木螺钉、弹簧折页（自动门）、管子拉手（自由门、地弹门）、地弹簧（地弹门）、角铁、门轧头（地弹门、自由门）等。

3. 木质门带套计量按洞口尺寸以面积计算，不包括门套的面积，但门套应计算在综合单价中。

4. 以樘计量，项目特征必须描述洞口尺寸；以平方米计量，项目特征可不描述洞口尺寸。

5. 单独制作安装木门框按木门框项目编码列项

5.4.2　计算实例

【例 5-7】　已知：某建筑门采用夹板装饰成品木门 10 樘（代号 M1），配套 6 mm 浮法玻璃，门洞口尺寸为 900 mm×2 100 mm，含锁及普通五金；框边安装成品木门套，展开宽度为 350 mm。

要求：编制门项目的工程量清单。

分析：此项目木质门采用木质门带套编码，木质门带套计量按洞口尺寸以面积计算，不包括门套的面积，但门套应计算在综合单价中。依据《房屋建筑与装饰工程工程量计算规范》（GB 50854—2013），查阅附录，找到木制门窗套的规范，见表 5-14。

表 5-14　成品木门窗套

项目编码	项目名称	项目特征	计量单位	工程量计算规则	工作内容
010808007	成品木门窗套	1. 门窗代号及洞口尺寸 2. 门窗套展开宽度 3. 门窗套材料品种、规格	1. 樘 2. m² 3. m	1. 以樘计量，按设计图示数量计算 2. 以平方米计量，按设计图示尺寸以展开面积计算 3. 以米计量，按设计图示中心以延长米计算	1. 清理基层 2. 立筋制作、安装 3. 板安装

【解】　(1) 木质门带套。

1) 项目编码：010801002001。

2) 项目名称：木质门带套。

3) 项目特征：

①门代号及洞口尺寸：M1，900 mm×2 100 mm。

②镶嵌玻璃品种、厚度：浮法玻璃，6 mm。

4) 单位：m²。

5) 工程量计算规则：以平方米计量，按设计图示洞口尺寸以面积计算。

6) 工程量计算 $S = 0.9 \times 2.1 \times 10 = 18.9$ （m²）

7) 表格填写（表 5-15）。

(2) 成品木门窗套。

1) 项目编码：010808007001。

2) 项目名称：成品木门窗套。

3) 项目特征：

①门窗代号及洞口尺寸：M1，900 mm×2 100 mm。

②门窗套展开宽度：350 mm。

③门窗套材料品种、规格：成品实木门窗套。

4) 单位：樘。

5) 工程量计算规则：以樘计量，按设计图示数量计算。

6) 工程量计算＝10 樘。

7) 表格填写（表 5-15）。

表 5-15　分部分项工程和单价措施项目清单与计价表

工程名称：×××　　　　　　　　　　　　　　　　　　　　　　　　　　第　页　共　页

序号	项目编码	项目名称及项目特征描述	计量单位	工程量	金额/元		
					综合单价	合价	其中：暂估价
	0108	门窗工程					
1	010801002001	木质门带套： （1）门代号及洞口尺寸：M1，900 mm×2 100 mm。 （2）镶嵌玻璃品种、厚度：浮法玻璃，6 mm	m²	18.9			
2	010808002001	成品木门窗套： （1）门窗代号及洞口尺寸：M1，900 mm×2 100 mm。 （2）门窗套展开宽度：350 mm。 （3）门窗套材料品种、规格：成品实木门窗套	樘	10			

【例 5-8】 已知：某砖混结构工程中，设计为防盗门（代号 M1），尺寸为 1 000 mm×2 100 mm，单扇无亮，不带纱，带 L 形执手锁，共 4 樘；普通平开木窗带木纱窗 C1，尺寸为 1 500 mm×1 800 mm，共 6 樘，单层玻璃双扇带亮。

要求：编制门窗项目的工程量清单。

分析：依据《房屋建筑与装饰工程工程量计算规范》（GB 50854—2013），查阅附录，找到木窗的规范，见表 5-16。

表 5-16　木制窗、木纱窗

项目编码	项目名称	项目特征	计量单位	工程量计算规则	工作内容
010806001	木质窗	1. 窗代号及洞口尺寸 2. 玻璃品种、厚度	1. 樘 2. m²	1. 以樘计量，按设计图示数量计量 2. 以平方米计量，按设计图示洞口尺寸以面积计算	1. 窗安装 2. 五金、玻璃安装
010806004	木纱窗	1. 窗代号及框的外围尺寸 2. 窗纱材料品种、规格		1. 以樘计量，按设计图示数量计量 2. 以平方米计量，按框的外围尺寸以面积计算	1. 窗安装 2. 五金安装

【解】 （1）防盗门。

1）项目编码：010802004001。

2）项目名称：防盗门。

3）项目特征：

门代号及洞口尺寸：M1，1 000 mm×2 100 mm。

4）单位：m²。

5）工程量计算规则：以平方米计量，按设计图示洞口尺寸以面积计算。

6）工程量计算。

$$S = 1 \times 2.1 \times 4 = 8.4 \ (m^2)$$

7）表格填写（表 5-17）。

（2）门锁安装。

1）项目编码：010801006001。

2）项目名称：门锁安装。

3）项目特征：

锁品种：L 形执手锁。

4）单位：个。

5）工程量计算规则：按设计图示数量计算。

6）工程量计算＝4 个。

7）表格填写（表 5-17）。

（3）木质窗。

1）项目编码：010806001001。

2）项目名称：木质窗。

3）项目特征：

①窗代号及洞口尺寸：C1，1 500 mm×1 800 mm；

②玻璃品种、厚度：单层普通玻璃。

4）单位：m²。

5）工程量计算规则：以平方米计量，按设计图示洞口尺寸以面积计算。

6）工程量计算 $S = 1.5 \times 1.8 \times 6 = 16.2 \ (m^2)$

7）表格填写（表 5-17）。

（4）木纱窗。

1）项目编码：010806004001。

2）项目名称：木纱窗。

3）项目特征：

①窗代号及框的外围尺寸：C1，1 500 mm×1 800 mm；

②窗纱材料品种、规格：木纱窗。

4）单位：m²。

5）工程量计算规则：以平方米计量，按框的外围尺寸以面积计算。

6）工程量计算：

$$S = 1.5 \times 1.8 \times 6 = 16.2 \ (m^2)。$$

7）表格填写（表5-17）。

表5-17　分部分项工程和单价措施项目清单与计价表

工程名称：×××

第 页 共 页

序号	项目编码	项目名称及项目特征描述	计量单位	工程量	金额/元		
					综合单价	合价	其中：暂估价
	0108	门窗工程					
1	010802004001	防盗门： 门代号及洞口尺寸：M1，1 000 mm×2 100 mm	m²	8.4			
2	010801006001	门锁安装： 锁品种：L形执手锁	个	4			
3	010806001001	木质窗： 窗代号及洞口尺寸：C1，1 500 mm×1 800 mm	m²	16.2			
4	010806004001	木纱窗： （1）窗代号及框的外围尺寸：C1，1 500 mm×1 800 mm。 （2）窗纱材料品种、规格：木纱窗	m²	16.2			

5.5　油漆、涂料、裱糊工程

油漆、涂料、裱糊工程由门油漆，窗油漆，木扶手及其他板条、线条油漆，木材面油漆，金属面油漆，抹灰面油漆，喷刷涂料，裱糊共8个子分部工程组成。本小节主要通过案例分析的方式学习油漆、涂料、裱糊工程工程量清单的编制。

5.5.1　门油漆

门油漆工程量清单项目的设置、项目特征描述的内容、计量单位及工程量计算规则应按表5-18的规定执行。

表 5-18 门油漆（编号：011401）

项目编码	项目名称	项目特征	计量单位	工程量计算规则	工作内容
011401001	木门油漆	1. 门类型 2. 门代号及洞口尺寸 3. 腻子种类 4. 刮腻子遍数 5. 防护材料种类 6. 油漆品种、刷漆遍数	1. 樘 2. m²	1. 以樘计量，按设计图示数量计量 2. 以平方米计量，按设计图示洞口尺寸以面积计算	1. 基层清理 2. 刮腻子 3. 刷防护材料、油漆
011401002	金属门油漆				1. 除锈、基层清理 2. 刮腻子 3. 刷防护材料、油漆

注：1. 木门油漆应区分木大门、单层木门、双层（一玻一纱）木门、双层（单裁口）木门、全玻自由门、半玻自由门、装饰门及有框门或无框门等项目，分别编码列项。

2. 金属门油漆应区分平开门、推拉门、钢制防火门等项目，分别编码列项。

3. 以平方米计量，项目特征可不必描述洞口尺寸

5.5.2 窗油漆

窗油漆工程量清单项目的设置、项目特征描述的内容、计量单位及工程量计算规则应按表 5-19 的规定执行。

表 5-19 窗油漆（编号：011402）

项目编码	项目名称	项目特征	计量单位	工程量计算规则	工作内容
011402001	木窗油漆	1. 窗类型 2. 窗代号及洞口尺寸 3. 腻子种类 4. 刮腻子遍数 5. 防护材料种类 6. 油漆品种、刷漆遍数	1. 樘 2. m²	1. 以樘计量，按设计图示数量计量 2. 以平方米计量，按设计图示洞口尺寸以面积计算	1. 基层清理 2. 刮腻子 3. 刷防护材料、油漆
011402002	金属窗油漆				1. 除锈、基层清理 2. 刮腻子 3. 刷防护材料、油漆

注：1. 木窗油漆应区分单层木门、双层（一玻一纱）木窗、双层框扇（单裁口）木窗、双层框三层（二玻一纱）木窗、单层组合窗、双层组合窗、木百叶窗、木推拉窗等项目，分别编码列项。

2. 金属窗油漆应区分平开窗、推拉窗、固定窗、组合窗、金属隔栅窗等项目，分别编码列项。

3. 以平方米计量，项目特征可不必描述洞口尺寸

5.5.3　计算实例

【例5-9】　已知：图5-7所示为双层（一玻一纱）木窗C1，洞口尺寸为3 000 mm×2 400 mm，共10樘；窗顶设硬木窗帘盒，窗帘盒比窗洞口长300 mm；木窗、窗帘盒油漆做法均为刷底油漆一遍，刷调和漆两遍。

要求：编制木窗、窗帘盒油漆项目的工程量清单。

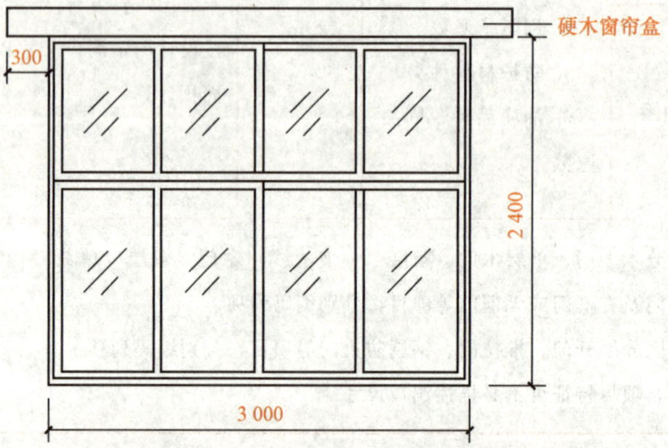

图5-7　一玻一纱双层木窗及窗帘盒示意

分析：依据《房屋建筑与装饰工程工程量计算规范》（GB 50854—2013），查阅附录，查找木窗、窗帘盒油漆的相关规范，结合表5-20，完成木窗、窗帘盒油漆项目的工程量清单编制。

表5-20　窗帘盒油漆

项目编码	项目名称	项目特征	计量单位	工程量计算规则	工作内容
011403002	窗帘盒油漆	1. 断面尺寸 2. 腻子种类 3. 刮腻子遍数 4. 防护材料种类 5. 油漆品种、刷漆遍数	m	按设计图示尺寸以长度计算	1. 基层清理 2. 刮腻子 3. 刷防护材料、油漆

【解】　（1）木窗油漆。

1）项目编码：011402001001。

2）项目名称：木窗油漆。

3）项目特征：

①窗类型：双层（一玻一纱）木窗。

②油漆品种、刷漆遍数：刷底油漆一遍，刷调和漆两遍。

4）单位：m²。

5）工程量计算规则：以平方米计量，按设计图示洞口尺寸以面积计算。

6）工程量计算。

木工程量计算＝3×2.4×10＝72（m²）

7）表格填写（表5-21）。

（2）窗帘盒油漆。

1）项目编码：011403002001。

2）项目名称：硬木窗帘盒油漆。

3）项目特征：

油漆品种、刷漆遍数：刷底油漆一遍，刷调和漆两遍。

4）单位：m。

5）工程量计算规则：按设计图示尺寸以长度计算。

6）工程量计算。

工程量计算＝（3＋0.3×2）×10＝36（m²）。

7）表格填写（表5-21）。

表5-21　分部分项工程和单价措施项目清单与计价表

工程名称：×××　　　　　　　　　　　　　　　　　　　　　　　　　　　　第　页　共　页

序号	项目编码	项目名称及项目特征描述	计量单位	工程量	金额/元		
					综合单价	合价	其中：暂估价
	0114	油漆、涂料、裱糊工程					
1	011402001001	木窗油漆： （1）窗类型：双层（一玻一纱）木窗； （2）油漆品种、刷漆遍数：刷底油漆一遍，刷调和漆两遍	m²	72			
2	011403002001	硬木窗帘盒油漆： 油漆品种、刷漆遍数：刷底油漆一遍，刷调和漆两遍	m	36			

【例5-10】　已知：某框架结构建筑的剖面图与梁结构图如图5-8所示。层高为3 m，墙厚均为240 mm，板厚为120 mm，轴线居墙中，门窗框宽均为100 mm，靠外设置；内墙面、天棚面刮熟胶粉腻子两遍。

要求：编制内墙面、天棚面刮腻子项目的工程量清单。

分析：依据《房屋建筑与装饰工程工程量计算规范》（GB 50854—2013），查阅附录，找到刮腻子的相关规范，见表5-22。

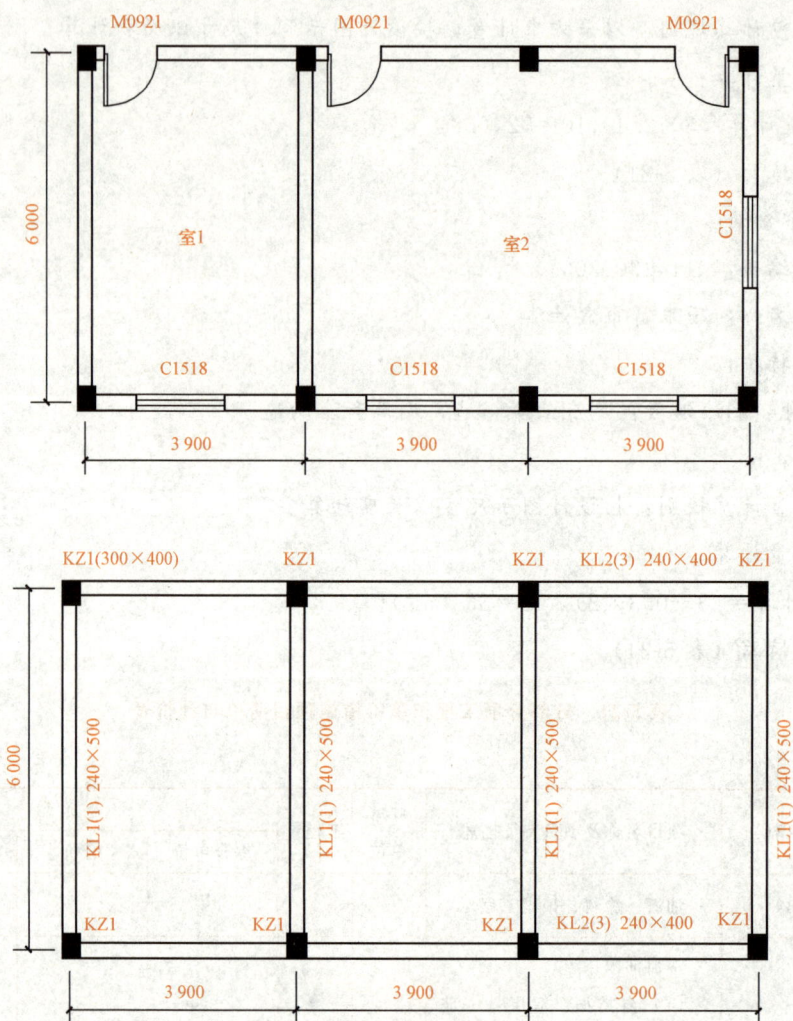

图 5-8　平面图及梁结构图

表 5-22　满刮腻子

项目编码	项目名称	项目特征	计量单位	工程量计算规则	工作内容
011406003	满刮腻子	1. 基层类型 2. 腻子种类 3. 刮腻子遍数	m²	按设计图示尺寸以面积计算	1. 基层清理 2. 刮腻子

【解】（1）内墙面刮腻子。

1）项目编码：011406003001。

2）项目名称：满刮腻子。

3）项目特征：

①腻子种类：刮熟胶粉腻子。

②刮腻子遍数：两遍。

4）单位：m²。

5）工程量计算规则：按设计图示尺寸以面积计算。

6）工程量计算。

①计算室内墙面高度 $H=3.0-0.12=2.88$（m）

②计算长度$=[(3.9-0.24)+(6-0.24)]\times 2+[(2\times 3.9-0.24)+(6-0.24)]\times 2$

$\qquad =45.48$（m）

③应扣除门窗洞口的面积$=1.5\times 1.8\times 4+0.9\times 2.1\times 3=16.47$（m²）

④应加上门窗侧壁的面积$=(0.24-0.1)\times [(1.5+1.8)\times 2\times 4+(0.9+2.1\times 2)\times 3]$

$\qquad =5.84$（m²）

内墙刮腻子工程量 $S=①\times ②-③+④=2.88\times 45.48-16.47+5.84=120.35$（m²）

7）表格填写（表5-23）。

（2）天棚面刮腻子。

1）项目编码：011406003002。

2）项目名称：满刮腻子。

3）项目特征：

①腻子种类：刮熟胶粉腻子。

②刮腻子遍数：两遍。

4）单位：m²。

5）工程量计算规则：按设计图示尺寸以面积计算。

6）工程量计算。

①室1天棚面积$=(3.9-0.24)\times (6-0.24)=21.08$（m²）

②室2墙间面积$=(2\times 3.9-0.24)\times (6-0.24)=43.55$（m²）

③应加上室2框梁两侧的面积$=(6-0.24)\times (0.5-0.12)\times 2=4.38$（m²）

天棚刮腻子工程量$=①+②+③=21.08+43.55+4.38=69.01$（m²）

7）表格填写（表5-23）。

表 5-23　分部分项工程和单价措施项目清单与计价表

工程名称：×××　　　　　　　　　　　　　　　　　　　　　　　　　第　页　共　页

序号	项目编码	项目名称及项目特征描述	计量单位	工程量	金额/元		
					综合单价	合价	其中：暂估价
	0114	油漆、涂料、裱糊工程					
1	011406003001	满刮腻子（内墙面）： （1）腻子种类：刮熟胶粉腻子。 （2）刮腻子遍数：两遍	m²	120.35			
2	011406003002	满刮腻子（天棚面）： （1）腻子种类：刮熟胶粉腻子。 （2）刮腻子遍数：两遍	m²	69.01			

5.6 其他装饰工程

其他装饰工程由柜类、货架，压条、装饰线，扶手、栏杆、栏板装饰，暖气罩，浴厕配件、雨篷、旗杆，招牌、灯箱，美术字共 8 个子分部工程组成。本小节主要通过案例分析的方式学习其他装饰工程工程量清单的编制。

5.6.1 柜类、货架

柜类、货架工程量清单项目的设置、项目特征描述的内容、计量单位及工程量计算规则应按表 5-24 的规定执行。

表 5-24 柜类、货架

项目编码	项目名称	项目特征	计量单位	工程量计算规则	工作内容
011501001	柜台	1. 台柜规格 2. 材料种类、规格 3. 五金种类、规格 4. 防护材料种类 5. 油漆品种、刷漆遍数	1. 个 2. m 3. m³	1. 以个计量，按设计图示数量计量 2. 以米计量，按设计图示尺寸以延长米计算 3. 以立方米计量，按设计图示尺寸以体积计算	1. 台柜制作、运输、安装（安放） 2. 刷防护材料、油漆 3. 五金件安装
011501002	酒柜				
011501003	衣柜				
011501004	存包柜				
011501005	鞋柜				
011501006	书柜				
011501007	厨房壁柜				
011501008	木壁柜				
011501009	厨房低柜				
011501010	厨房吊柜				
011501011	矮柜				
011501012	吧台背柜				
011501013	酒吧吊柜				
011501014	酒吧台				
011501015	展台				
011501016	收银台				
011501017	试衣间				
011501018	货架				
011501019	书架				
011501020	服务台				

5.6.2 计算实例

【例5-11】 已知：某酒店客房共19间，每间客房均做靠墙衣柜，衣柜长×高为1 900 mm×2 050 mm，基层材料采用1 800 mm细木工板，表面采用橡木饰面板。

要求：编制衣柜项目的工程量清单。

【解】 衣柜：

(1) 项目编码：011501003001。

(2) 项目名称：衣柜。

(3) 项目特征：

1) 台柜规格：1 900 mm×2 050 mm。

2) 材料种类：基层材料采用1 800 mm细木工板，表面采用橡木饰面板。

(4) 单位：个。

(5) 工程量计算规则：以个计量，按设计图示数量计量。

(6) 工程量计算。

工程量计算＝19个。

(7) 表格填写（表5-25）。

表5-25　分部分项工程和单价措施项目清单与计价表

工程名称：×××   第　页　共　页

序号	项目编码	项目名称及项目特征描述	计量单位	工程量	金额/元		
					综合单价	合价	其中：暂估价
	0115	其他装饰工程					
1	011501003001	衣柜： (1) 台柜规格：1 900 mm×2 050 mm。 (2) 材料种类：基层材料采用1 800 mm大芯板，表面采用橡木饰面板	个	19			

【例5-12】 已知：某单间客房卫生间布置如图5-9所示，玻璃镜为1 400 mm（宽）×1 100 mm（高），不带框；毛巾环为不锈钢材质，1副/间，不锈钢卫生纸盒，1个/间。大理石洗漱台，同种材料挡板、吊沿；米黄色大理石台板1 400 mm×700 mm×20 mm，挡板宽度为120 mm，吊沿180 mm，开单孔，如图5-10所示。

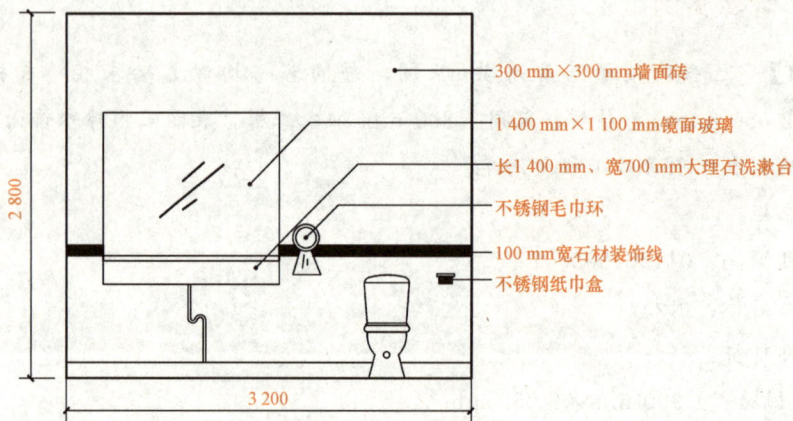

图 5-9 卫生间示意

图 5-10 大理石洗漱台

要求：编制以上卫生间配件的工程量清单。

分析：此案例分项都属于浴厕配件，依据《房屋建筑与装饰工程工程量计算规范》（GB 50854—2013），查阅附录，找到浴厕相应的相关规范，见表5-26。其中，大理石洗漱台台面按水平投影面积计算，挡板及吊沿并入台面工程量。

表 5-26　洗漱台、毛巾环、镜面玻璃

项目编码	项目名称	项目特征	计量单位	工程量计算规则	工作内容
011505001	洗漱台	1. 材料品种、规格、颜色 2. 支架、配件品种、规格	1. m² 2. 个	1. 按设计图示尺寸以台面外接矩形面积计算。不扣除孔洞、挖弯、削角所占面积，挡板、吊沿板面积并入台面面积内 2. 按设计图示数量计算	1. 台面及支架运输、安装 2. 杆、环、盒、配件安装 3. 刷油漆
011505007	毛巾环	1. 材料品种、规格、颜色 2. 支架、配件品种、规格	个	按设计图示数量计算	1. 台面及支架制作、运输、安装 2. 杆、环、盒、配件安装 3. 刷油漆
011505010	镜面玻璃	1. 镜面玻璃品种、规格 2. 框材质、断面尺寸 3. 基层材料种类 4. 防护材料种类	m²	按设计图示尺寸以边框外围面积计算	1. 基层安装 2. 玻璃及框制作、运输、安装

【解】　（1）大理石洗漱台。

1）项目编码：011505001001。

2）项目名称：洗漱台。

3）项目特征：

材料品种、规格、颜色：大理石，1 400 mm×700 mm，米黄色。

4）单位：m²。

5）工程量计算规则：按设计图示尺寸以台面外接矩形面积计算。

6）工程量计算。

①台面工程量＝1.40×0.70＝0.98（m²）

②挡板工程量＝（1.40＋0.70×2）×0.12＝0.34（m²）

③吊沿工程量＝1.40×0.18＝0.25（m²）

洗漱台工程量＝①＋②＋③＝0.98＋0.34＋0.25＝1.57（m²）

7）表格填写（表 5-27）。

（2）毛巾环。

1）项目编码：011505007001。

2）项目名称：毛巾环。

3）项目特征：

材料品种、规格、颜色：不锈钢材质。

4）单位：个。

5）工程量计算规则：按设计图示数量计算。

6）工程量计算。

毛巾环工程量计算＝1个。

7）表格填写（表5-27）。

（3）镜面玻璃。

1）项目编码：011505010001。

2）项目名称：镜面玻璃。

3）项目特征：

镜面玻璃品种、规格：镜面玻璃，1 400 mm×1 100 mm。

4）单位：m^2。

5）工程量计算规则：按设计图示尺寸以边框外围面积计算。

6）工程量计算。

工程量计算＝1.40×1.1＝1.54（m^2）

7）表格填写（表5-27）。

表 5-27 分部分项工程和单价措施项目清单与计价表

工程名称：×××　　　　　　　　　　　　　　　　　　　　　　　第 页 共 页

序号	项目编码	项目名称及项目特征描述	计量单位	工程量	金额/元		
					综合单价	合价	其中：暂估价
	0115	其他装饰工程					
1	011501001001	洗漱台： 材料品种、规格、颜色：大理石，1 400 mm×700 mm，米黄色	m^2	1.57			
2	011505007001	毛巾环： 材料品种、规格、颜色：不锈钢材质	个	1			

序号	项目编码	项目名称及项目特征描述	计量单位	工程量	金额/元		
					综合单价	合价	其中：暂估价
3	011505010001	镜面玻璃： 镜面玻璃品种、规格： 镜面玻璃，1 400 mm× 1 100 mm	m²	1.54			

【例 5-13】 已知：某工程楼梯如图 5-11 所示，采用 201 不锈钢材质扶手，每跑楼梯的高度为 2.00 m，每跑楼梯扶手水平长度为 4.00 m，楼梯的梯井宽为 0.3 m，最后一跑楼梯的水平安全栏杆长为 1.6 m。

要求：编制该楼梯栏杆的工程量清单。

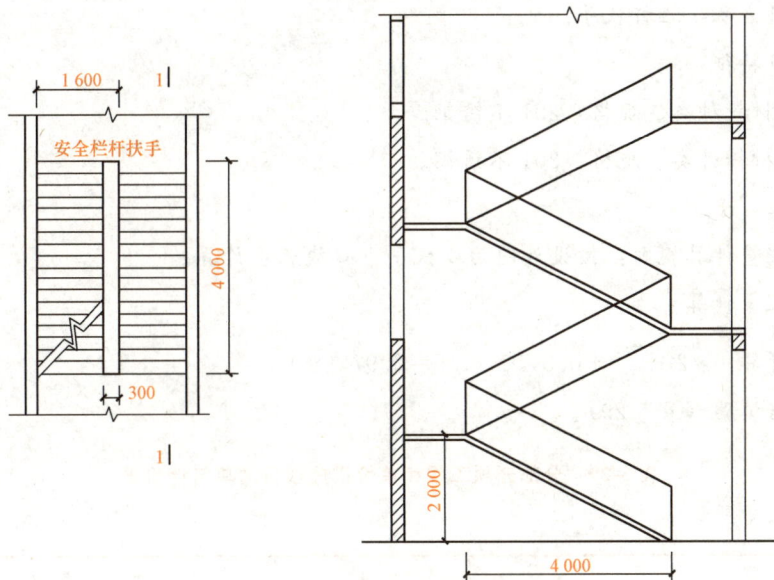

图 5-11 楼梯平面图及剖面图

分析：依据《房屋建筑与装饰工程工程量计算规范》（GB 50854—2013），查阅附录，找到金属扶手、栏杆、栏板的相关规范，见表 5-28。栏杆扶手包括弯头的长度，按延长米计算。

表 5-28 金属扶手、栏杆、栏板

项目编码	项目名称	项目特征	计量单位	工程量计算规则	工作内容
011503001	金属扶手、栏杆、栏板	1. 扶手材料种类、规格 2. 栏杆材料种类、规格 3. 栏板材料种类、规格、颜色 4. 固定配件种类 5. 防护材料种类	m	按设计图示以扶手中心线长度（包括弯头长度）计算	1. 制作 2. 运输 3. 安装 4. 刷防护材料

【解】 栏杆扶手：

（1）项目编码：011503001001。

（2）项目名称：栏杆扶手。

（3）项目特征：

1）扶手材料种类、规格：201 不锈钢。

2）栏杆材料种类、规格：201 不锈钢。

（4）单位：m。

（5）工程量计算规则：按设计图示以扶手中心线长度计算。

（6）工程量计算。

工程量计算 $=\sqrt{2^2+4^2}+0.3\times3+1.6=6.97$（m）

（7）表格填写（表 5-29）。

表 5-29 分部分项工程和单价措施项目清单与计价表

工程名称：××× 第 页 共 页

序号	项目编码	项目名称及项目特征描述	计量单位	工程量	金额/元		
					综合单价	合价	其中：暂估价
	0115	其他装饰工程					
1	011503001001	（1）扶手材料种类、规格：201 不锈钢。 （2）栏杆材料种类、规格：201 不锈钢	m	6.97			

5.7 防水工程

装饰工程中所涉及的防水工程主要是墙面防水、防潮，楼（地）面防水、防潮。本小节主要通过案例分析的方式学习装饰工程中所涉及的防水工程工程量清单的编制。

计算实例如下。

【例 5-14】 已知：某宿舍卫生间，门洞口高 2 m，平面图如图 5-12 所示，经过管道改造后，地面、墙面、门洞处都进行防水处理。做法是先进行砂浆找平，然后刷防水涂料。其中，墙面防水高度为 1.8 m。

要求：编制该卫生间防水工程的工程量清单。

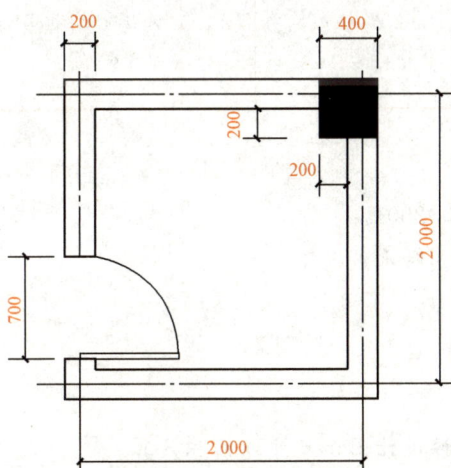

图 5-12　卫生间平面图

分析：依据《房屋建筑与装饰工程工程量计算规范》（GB 50854—2013），查阅附录，墙面、地面防水工程相应规范见表 5-30。

表 5-30　墙面涂膜防水、楼（地）面涂膜防水

项目编码	项目名称	项目特征	计量单位	工程量计算规则	工作内容
010903002	墙面涂膜防水	1. 防水膜品种 2. 涂膜厚度、遍数 3. 增强材料种类	m²	按设计图示尺寸以面积计算	1. 基层处理 2. 刷基层处理剂 3. 铺布、喷涂防水层

项目编码	项目名称	项目特征	计量单位	工程量计算规则	工作内容
010904002	楼（地）面涂膜防水	1. 防水膜品种 2. 涂膜厚度、遍数 3. 增强材料种类 4. 反边高度	m²	按设计图示尺寸以面积计算： 1. 楼（地）面防水：按主墙间净空面积计算，扣除凸出地面的构筑物、设备基础等所占面积，不扣除间壁墙及单个面积≤0.3 m² 柱、垛、烟囱和孔洞所占面积 2. 楼（地）面防水反边高度≤300 mm 算作地面防水，反边高度>300 mm 按墙面防水计算	1. 基层处理 2. 刷基层处理剂 3. 铺布、喷涂防水层

【解】（1）墙面防水。

1）项目编码：010903002001。

2）项目名称：墙面涂膜防水。

3）项目特征。

防水膜品种：防水涂料。

4）单位：m²。

5）工程量计算规则：按设计图示尺寸以面积计算。

6）工程量计算。

①计算内墙面积＝(2.00－0.10×2)×4×1.8＝12.96（m²）

②扣除门洞所占面积＝0.7×1.8＝1.26（m²）

墙面涂抹防水工程量＝①－②＝12.96－1.26＝11.70（m²）

7）表格填写（表5-31）。

（2）地面防水。

1）项目编码：010904002001。

2）项目名称：楼（地）面涂膜防水。

3）项目特征。

防水膜品种：防水涂料。

4）单位：m²。

5）工程量计算规则：按设计图示尺寸以面积计算。

6）工程量计算。

工程量计算＝(2－0.1×2)×(2－0.10×2)＋0.7×0.2＝3.38（m²）

7) 表格填写（表5-31）。

表 5-31 分部分项工程和单价措施项目清单与计价表

工程名称：×××   第 页 共 页

序号	项目编码	项目名称及项目特征描述	计量单位	工程量	金额/元		
					综合单价	合价	其中：暂估价
	0109	防水涂料					
1	010903002001	墙面涂膜防水： 防水膜品种：防水涂料	m^2	11.70			
2	010904002001	楼（地）面涂膜防水： 防水膜品种：防水涂料	m^2	3.38			

5.8 拆除工程

拆除工程主要由砖砌体拆除、混凝土及钢筋混凝土构件拆除、木构件拆除、抹灰层拆除、块料面层拆除、金属构件拆除、管道及卫生洁具拆除等子分部工程组成。本小节主要通过案例分析的方式学习拆除工程工程量清单的编制。

计算实例如下。

【例 5-15】已知：某建筑工程平面图如图 5-13 所示，因房间改变的需要，需要对室内进行装修，首先要拆除房间②轴上的实心墙砖（M2.5 水泥砂浆砌筑），墙面石灰砂浆抹面，高度为 2.7 m。

要求：列出拆除工程工程量清单。

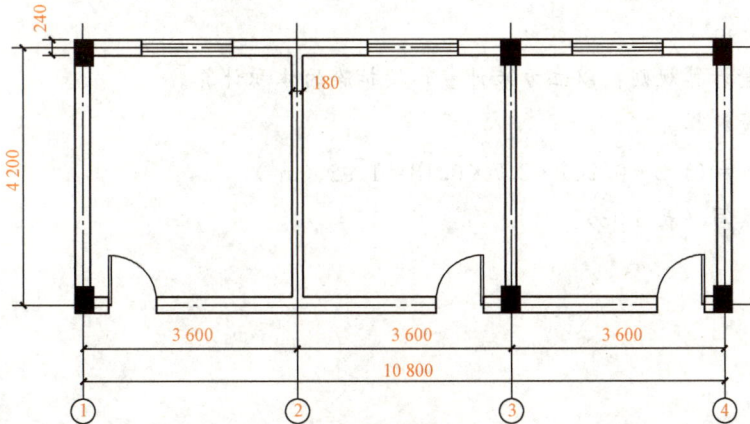

图 5-13 平面图

分析：依据《房屋建筑与装饰工程工程量计算规范》（GB 50854—2013），查阅附录，砖砌体拆除工程相应规范见表5-32。

表 5-32　砖砌体拆除

项目编码	项目名称	项目特征	计量单位	工程量计算规则	工作内容
011601001	砖砌体拆除	1. 砌体名称 2. 砌体材质 3. 拆除高度 4. 拆除砌体的截面尺寸 5. 砌体表面的附着物种类	1. m^3 2. m	1. 以立方米计量，按拆除的体积计算 2. 以米计量，按拆除的延长米计算	1. 拆除 2. 控制扬尘 3. 清理 4. 建渣场内、外运输

注：1. 砌体名称指墙、柱、水池等。

2. 砌体表面的附着物种类指抹灰层、块料层、龙骨及装饰面层等。

3. 以米计量，如砖地沟、砖明沟等必须描述拆除部位的截面尺寸；以立方米计量，截面尺寸则不必描述。

【解】　砖砌体拆除：

（1）项目编码：011601001001。

（2）项目名称：砖砌体拆除。

（3）项目特征：

1）砌体材质：实心墙砖（M2.5水泥砂浆砌筑）。

2）拆除高度：2.7 m。

3）拆除砌体的截面尺寸：0.18 m。

4）砌体表面的附着物种类：砌体表面有石灰砂浆抹面。

（4）单位：m^3。

（5）工程量计算规则：以立方米计量，按拆除的体积计算。

（6）工程量计算。

工程量计算＝（4.2－0.24）×2.7×0.18＝1.92（m^3）

（7）表格填写（表5-33）。

表 5-33　分部分项工程和单价措施项目清单与计价表

工程名称：×××　　　　　　　　　　　　　　　　　　　　　　　　第　页　共　页

序号	项目编码	项目名称及项目特征描述	计量单位	工程量	金额/元		
					综合单价	合价	其中：暂估价
	0116	拆除工程					
1	011601001001	砖砌体拆除： （1）砌体材质：实心墙砖（M2.5水泥砂浆砌筑）。 （2）拆除高度：2.7 m。 （3）拆除砌体的截面尺寸：0.18 m。 （4）砌体表面的附着物种类：砌体表面有石灰砂浆抹面	m³	1.92			

任务小结

本任务学习了分部分项工程量计算规范，掌握清单编制的要求。这一任务主要是先识图，了解材料及工艺做法，再套用清单编制相应的内容，按照清单编制要求完成工程量清单编制。

思政小课堂

观看视频超级大片《建证》，一起探索大国建筑背后的奥秘。

复习思考题

1. 简述块料楼地面工程量计算规则。

2. 简述挖墙面装饰抹灰工程量计算规则。

3. 简述门窗工程的工程量计算规则。

4. 简述油漆、涂料、裱糊工程的工程量计算规则。

5. 列举五个"墙面一般抹灰"列项的工程量项目内容。

措施项目工程量清单编制

知识目标

1. 掌握措施项目工程量清单编制。

2. 确定措施项目工程量清单项目综合单价。

能力目标

1. 能够正确进行措施项目工程量清单的编制。

2. 能够确定措施项目工程量清单项目综合单价。

素质目标

1. 通过措施项目工程量清单编制，培养学生具备团队精神和协作精神。

2. 通过将所学的理论知识与实际工程结合起来，培养学生具备独立思考问题、解决问题的能力。

3. 通过相关案例训练，培养学生具备一丝不苟、认真负责的工作态度。

6.1 措施项目工程

措施项目工程是指为完成工程施工，发生于该工程施工准备前和施工过程中的技术、生活、文明、安全等方面的非工程实体项目，如脚手架工程、模板工程、垂直运输、超高增加、安全文明施工、夜间施工、二次搬运、雨期施工、大型机械设备进出场及安拆、施工排水、施工降水、地上及地下设施、建筑物临时保护设施、已完成工程及设备保护等工程。

措施项目工程量清单分为单价措施项目工程量清单和总价措施项目工程量清单两类。

注：措施项目工程量清单必须根据相关现行《房屋建筑与装饰工程工程量计算规范》(GB 50854—2013)和广西计量规范实施细则的规定编制。

6.2 单价措施项目

措施项目中以单价计价的项目，即根据工程施工图（含设计变更）和现行《房屋建筑与装饰工程工程量计算规范》（GB 50854—2013）及"13规范"广西壮族自治区实施细则进行计算，以已标价工程量清单相应综合单价进行价款计算的项目。

6.2.1 单价措施项目编制及计价

单价措施项目工程量清单中按分部分项工程项目清单的方式进行编制的项目应载明项目编码、项目名称、项目特征描述的内容、计量单位、工程量。

6.2.2 单价措施项目

单价措施项目如下：

（1）通用：

1）垂直运输、超高施工增加、大型机械设备进出场及安拆、施工排水降水、二次搬运费、已完成工程及设施保护费、夜间施工增加费。

2）建筑装饰装修工程：脚手架工程、混凝土模板及支架。

（2）专业：本部分共96个清单项目，其中61个清单项目为"13规范"广西壮族自治区实施细则增补。清单项目设置情况见表6-1。

表 6-1　单价措施项目工程量清单项目数量表

小节编号	名称	清单项目数	其中：广西增补项目数
S.1	脚手架工程	13	9
S.2	混凝土模板及支架（撑）	63	33
S.3	垂直运输	2	2
S.4	超高施工增加	1	1
S.5	大型机械设备进出场及安拆	2	1
S.6	施工排水、降水	2	2
桂S.8	混凝土运输及泵送	2	2
桂S.9	二次搬运费		
桂S.10	已完工程保护费	7	7
桂S.11	夜间施工增加费	1	1
桂S.12	金属结构构件制作平台摊销	1	1
桂S.13	地上、地下设施、建筑物的临时保护设施	1	1
	合计	96	61

6.3 脚手架工程

脚手架工程见表6-2。

表 6-2　脚手架工程（编码：011701）　　　　　　第 页 共 页

项目编码	项目名称	项目特征	计量单位	工程量计算规则	工作内容
011701001	综合脚手架	1. 建筑结构形式 2. 檐口高度	m²	按建筑面积计算	1. 场内、场外材料搬运 2. 搭、拆脚手架、斜道、上料平台 3. 安全网的铺设 4. 选择附墙点与主体连接 5. 测试电动装置、安全锁等 6. 拆除脚手架后材料的堆放
应用说明：1. 广西计量规范实施细则规定，取消国家计量规范本小节1项					
011701002	外脚手架	1. 搭设方式 2. 搭设高度 3. 脚手架材质	m²	按所服务对象的垂直投影面积计算	1. 场内、场外材料的搬运 2. 搭、拆脚手架、斜道、上料平台 3. 安全网的铺设 4. 拆除脚手架后材料的堆放
011701003	里脚手架				
011701004	悬空脚手架	1. 搭设方式 2. 悬挑高度 3. 脚手架材质		按搭设的水平投影面积计算	
011701005	挑脚手架		m	按搭设长度乘以搭设楼层数以延长米计算	
011701006	满堂脚手架	1. 搭设方式 2. 搭设高度 3. 脚手架材质		按搭设的水平投影面积计算	
011701007	整体提升架	1. 搭设方式及启动装置 2. 搭设高度	m²	按所服务对象的垂直投影面积计算	1. 场内、场外材料搬运 2. 选择附墙点与主体连接 3. 搭、拆脚手架、斜道、上料平台 4. 安全网的铺设 5. 测试电动装置、安全锁等 6. 拆除脚手架后材料的堆放

项目编码	项目名称	项目特征	计量单位	工程量计算规则	工作内容
011701008	外装饰吊篮	1. 升降方式及启动装置 2. 搭设高度及吊篮型号	m²	按所服务对象的垂直投影面积计算	1. 场内、场外材料搬运 2. 吊篮的安装 3. 测试电动装置、安全锁、平衡控制器等 4. 吊篮的拆卸

注：1. 同一建筑物有不同檐高时，按建筑物竖向切面分别按不同檐高编列清单项目。

2. 整体提升架已包括 2 m 高的防护架体设施。

3. 脚手架材质可以不描述，但应注明由投标人根据工程实际情况按照国家现行《建筑施工扣件式钢管脚手架安全技术规范》（JGJ 130—2011）、《建筑施工附着升降脚手架管理暂行规定》（建建〔2000〕230 号）等规范自行确定。

4. 外脚手架及建筑物垂直封闭工程量按外墙外线长度乘以室外地坪至外墙顶高度以 m² 计算，凸出墙外面宽度在 24 cm 以内的墙垛、附墙烟囱等不展开计算脚手架工程，超过 24 cm 以外时按图示尺寸展开计算，并入外脚手架工程量之内。不扣除门窗洞口、空圈等所占的面积

6.3.1 计算实例

【例 6-1】 按图 6-1、图 6-2 所示，计算外脚手架工程量，并列单价措施项目清单与计价表。

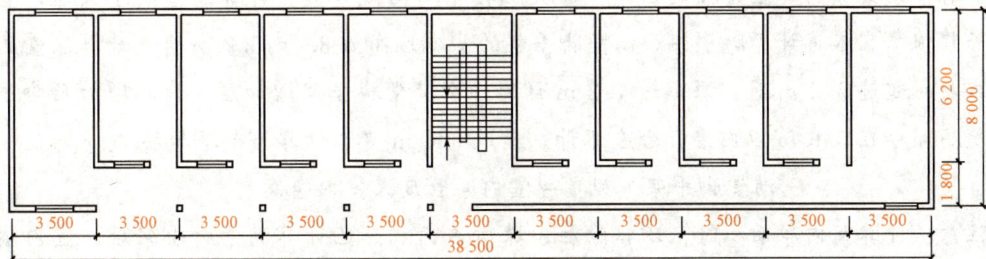

图 6-1 平面图

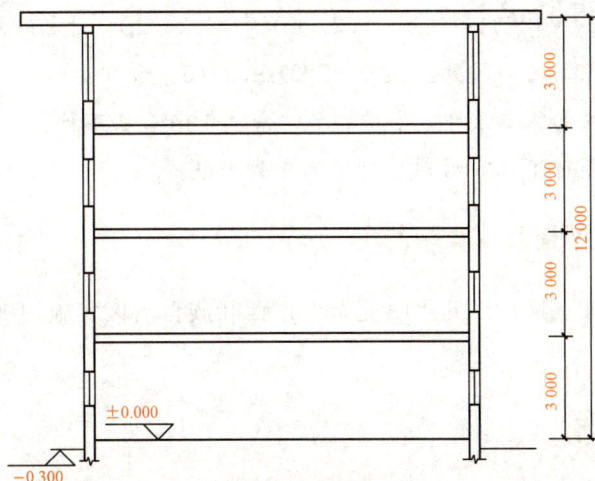

图 6-2 剖面图

【解】 外脚手架工程量＝[(38.5＋0.24)×2＋(8＋0.24)×2]×(12＋0.3)

＝1 155.71（m²）

填写表格（表6-3）。

表 6-3　分部分项工程和单价措施项目清单与计价表　　　第 页 共 页

项目编码	项目名称	项目特征	计量单位	工程量	工作内容	金额/元		
						综合单价	合价	其中：暂估价
011701002	外脚手架	（1）搭设高度：12 m以内。（2）脚手架材质：钢管	m²	按所服务对象的垂直投影面积计算：1 155.71 m²	（1）场内、场外材料的搬运。（2）搭、拆脚手架、斜道、上料平台。（3）安全网的铺设。（4）拆除脚手架后材料的堆放			

【例 6-2】 计算某建筑物天棚高为 9.2 m，其中满堂脚手架的增加层为多少？

【解】 满堂脚手架的高度以室内地坪或楼地面至天棚地面为准，无吊顶天棚的算至楼板底，有吊顶天棚的算至天棚的面层，斜天棚按平均高度计算。计算满堂脚手架后，室内墙柱面装饰工程不再计算脚手架，满堂脚手架的基本层高为 3.6～5.2 m 者，计算满堂脚手架基本层；超过 5.2 m 时，每超过 1.2 m 计算一个满堂脚手架增加层。计算增加层脚手架时，超高部分在 0.6 m 以内者，舍去不计；超过 0.6 m 者，计算一个增加层。

满堂脚手架工程量＝室内净长度×室内净高度

注意：计算室内净面积时，不扣除柱、垛所占面积。已计算满堂脚手架后，室内墙壁面装饰不再计算墙柱面装饰脚手架

满堂脚手架增加层＝[室内净高度－5.2（m）] /1.2（m）[计算结果 0.6 m 以内舍去]

本例中满堂脚手架的增加层数：(9.2－5.2)/1.2＝3，余 0.4 m

即一个满堂脚手架的基本层即 3 个增加层，余 0.4 m 舍去不计。

注意：只有层高超过了 3.6 m 时才计算满堂脚手架。

6.3.2　混凝土模板及支架（撑）

混凝土模板及支架（撑）详见"13规范"广西壮族自治区实施细则 S.2 混凝土模板及支架（撑）。

6.3.3　垂直运输

垂直运输详见"13规范"广西壮族自治区实施细则 S.3 垂直运输。

6.3.4 超高施工增加

超高施工增加详见"13 规范"广西壮族自治区实施细则 S.4 超高施工增加。

6.3.5 大型机械设备进出场及安拆

大型机械设备进出场及安拆详见"13 规范"广西壮族自治区实施细则 S.5 大型机械设备进出场及安拆。

6.3.6 二次搬运费

二次搬运费见表 6-4。

表 6-4 二次搬运费（编码：011709）

项目编码	项目名称	项目特征	计量单位	工程量计算规则	工作内容
桂 011709001	二次搬运费	1. 材料种类、规格、型号 2. 材料运距 3. 其他	1. 块张 2. $m^2 t$	按材料的计量单位计算	1. 装卸、运输 2. 堆放整齐

6.3.7 已完工程保护费

已完工程保护费见表 6-5。

表 6-5 已完工程保护费（编码：011710）

项目编码	项目名称	项目特征	计量单位	工程量计算规则	工作内容
桂 011710001	楼地面成品保护	1. 成品保护材料种类、规格 2. 其他	m^2	按被保护面层以面积计算	1. 清扫表面 2. 铺设、拆除成品保护材料 3. 清理归堆 4. 清洁表面
桂 011710002	楼梯成品保护			按设计图示尺寸以水平投影面积计算	
桂 011710003	栏杆、扶手成品保护		m	按设计图示尺寸以中心线长度计算	
桂 011710004	台阶成品保护			按设计图示尺寸以水平投影面积计算	
桂 011710005	柱面装饰面保护	1. 装饰面保护材料种类规格 2. 其他	m^2	按被保护面层以面积计算	
桂 011710006	墙面装饰面保护				
桂 011710007	电梯内装饰保护				

6.3.8 夜间施工增加费

夜间施工增加费见表 6-6。

表 6-6　夜间施工增加费（编码：011711）

项目编码	项目名称	项目特征 ·	计量单位	工程量计算规则	工作内容
桂 011711001	夜间施工增加费	夜间施工时间	工日	按夜间施工工日数计算	因夜间施工所发生的夜班补助费、夜间施工降效、夜间施工照明设备摊销及照明用电等费用

6.4　总价措施项目

总价措施项目是指在现行工程量清单计算规范中无工程量计算规则，以总价（或计算基础乘费率）计算的措施项目。

6.4.1　概况

1. 清单项目设置

本部分设置清单项目 9 个，均为"13 规范"广西壮族自治区实施细则增补项目。

2. 清单项目设置内容

清单项目设置内容见表 6-7。

表 6-7　总价措施项目工程量清单内容表

项目编码	项目名称	工作内容及包含范围
桂 011801001	安全文明施工费	1. 环境保护费：是指施工现场为达到环保部门要求所需要的各项费用 2. 文明施工费：是指施工现场文明施工所需要的各项费用 3. 安全施工费：是指施工现场安全施工所需要的各项费用，包括安全网等有关维护费用 4. 临时设施费：是指施工企业为进行建设工程施工所必须搭设的生活和生产用的临时建筑物、构筑物和其他临时设施费用。包括临时设施的搭设、维修拆除、清理费或摊销费等 临时设施包括：临时宿舍、文化福利及共用事业房屋与构筑物仓库办公室、加工厂（场）以及在规定范围内的道路、水、电、管线等临时设施和小型临时设施
桂 011801002	检验试验配合费	是指施工单位按规定进行建筑材料、构配件等试样的制作、封样、送检和其他保证工程质量进行的检验试验所发生的费用
桂 011801003	雨季施工增加费	在雨季施工期间所增加的费用。包括防雨和排水措施、工效降低等费用

项目编码	项目名称	工作内容及包含范围
桂 011801004	工程定位复测费	是指工程施工过程中进行全部施工测量放线和复测工作的费用
桂 011801005	暗室施工增加费	在地下室（或暗室）内进行施工时所发生的照明费、照明设备摊销费及人工降效费
桂 011801006	交叉施工增加费	建筑装饰装修工程与设备安装工程进行交叉作业而相互影响的费用
桂 011801007	特殊保健费	在有毒有害气体和有放射性物质区域范围内的施工人员的保障费，与建设单位职工享受同等特殊保障津贴
桂 011801008	优良工程增加费	招标人要求承包人完成的单位工质量达到合同约定为优良工程所必须增加的施工成本费
桂 011801009	提前竣工（赶工补偿）费	提前竣工（赶工补偿）费在工程程发包时发包人要求压缩工期天数超过定额工期的20%或在施工过程中发包人要求缩短合同工程工期。由此产生的应由发包人支付的费用

3. 应用说明

安全文明施工费不可为竞争费，为必须列出的工程量清单项目。

6.4.2 总价措施项目费计算公式

总价措施费费率见表6-8。

表6-8 总价措施费费率表

编号	项目名称		计算基数	费率（%）或标准		
				市区	城（镇）	其他
1	安全文明施工费	$S < 10\ 000\ m^2$	$\sum$ 分部分项及单价措施费定额（人工费＋材料费＋机械费）	7.36	6.27	5.14
		$10000\ m^2 \leqslant S \leqslant 3\ 000\ m^2$		6.45	5.49	4.51
		$S > 3\ 000\ m^2$		5.54	4.72	3.88
2	检验试验配合费		$\sum$ 分部分项及单价措施费定额（人工费＋材料费＋机械费）	0.11		
3	雨期施工增加费			0.53		
4	优良工程增加费			3.17～5.29		
5	提前竣工（赶工补偿）费			按经审定的赶工措施方案计算		
6	工程定位复测费			0.05		
7	暗室施工增加费		暗室施工定额人工费	25		
8	交叉施工补贴		交叉部分定额人工费	10		
9	特殊保健费		厂区（车间）内施工项目的定额人工费	厂区内：10.00% 车间内：20.00%		
10	其他		按有关规定计算			

6.4.3 编制示例

【例6-3】 某办公楼工程位于广西×××，框架结构，地下3层，地上30层，建筑面积为11 330 m²，合同工期为360天。编制该工程总价措施项目的工程清单。

【解】 根据广西计量规范实施细则规定，编制总价措施项目清单与计价表，见表6-9。

表6-9 总价措施项目清单与计价表

工程名称 　　　　　　　　　　　　　　　　　　　　　　　　　　　　　　　　第1页　共1页

序号	编码	项目名称	计算基数	费率%或标准	金额	备注
1	桂011801001001	安全文明施工费				
2	桂011801002001	检验试验配合费				
3	桂011801003001	雨期施工增加费				
4	桂011801004001	工程定位复测费				
5	桂011801005001	暗室施工增加费				
6						

注：1. 根据《广西壮族自治区工程量清单及招标控制价编制示范文本》的规定，措施项目要结合工程实际情况按常规列项目，不要将与本工程无关的项目全部罗列。

　　2. 安全文明施工费为不可竞争费用，为必须列出的清单项目

思政小课堂

1. 什么是安全文明施工费？

安全文明施工费的标准全称是建设工程安全防护、文明施工措施费，是指按照国家现行的建筑施工安全、施工现场环境与卫生标准有关规定，购置和更新施工防护用具及设施，改善安全生产条件和作业环境所需的费用。费用包含环境保护费、文明施工费、安全施工费、临时设施费。

2. 安全文明施工费可以不交吗？

建设工程施工劳动强度大、环境复杂、安全系数低、可变因素多，为加强建筑工程安全生产、文明施工管理，2005年原建设部印发了《建筑工程安全防护、文明施工措施费用及使用管理规定》（建办〔2005〕89号）。文件中第七条和第八条明确规定："建设单位与施工单位应当在施工合同中明确安全防护、文明施工措施项目总费用，以及费用预付、支付计划，使用要求、调整方式等条款。""建设单位申请领取建筑工程施工许可证时，应当将施工合同中约定的安全防护、文明施工措施费用支付计划作为保证工程安全的具体措施提交住房城乡建设主管部门。未提交的，住房城乡建设主管部门不予核发施工许可证。"

所以安全防护、文明施工措施费用是建设单位必须缴纳的。对于建设单位未按规定支付安全防护、文明施工措施费用的，由县级以上住房城乡建设主管部门依据《建设工程安全生产管理条例》第五十四条规定，责令限期改正，逾期未改正的，责令该建设工程停止施工。

复习思考题

1. 简述里、外脚手架工程量计算规则。
2. 简述单价措施项目与总价措施项目的区别。
3. 什么情况下可以计算超高施工增加费？

任务 7

税前项目清单编制

任务 7

➡ **知识目标**

1. 了解常见的税前项目。
2. 掌握广西关于计算税前项目的有关规定。

➡ **能力目标**

能够熟练计算税前项目工程量并编制税前项目清单。

➡ **素质目标**

通过税前项目工程量清单编制学习和相关案例训练，培养学生查阅资料的能力及计量计价的动手能力。

7.1　常见税前项目

7.1.1　常见税前项目内容

税前项目是指在费用计价程序的增值税项目前，根据交易习惯按市场价格进行计价的项目。税前项目的综合单价不按定额和清单规定程序组价，而按市场规则组价，其内容包含除增值税外的全部费用。

工程量清单在计价过程中，常见税前项目如下：

（1）铝合金门窗；

（2）塑钢门窗；

（3）幕墙；

（4）内外墙油漆、涂料；

（5）防水涂料；

（6）其他。

做税前项目处理的分部分项工程项目按各省市工程造价管理机构发布的《建设工程造价信息》规定列项计算。

7.1.2 常见税前项目工程量清单列项

常见税前项目工程量清单列项见表7-1。

表 7-1 常见税前项目工程量清单列项表

序号	项目名称	清单项目编码	清单项目名称
1	铝合金门	010802001	金属（塑钢）门
2	铝合金窗，不带纱	010807001	金属（塑钢）窗
3	铝合金窗，带纱	010807004	金属纱窗
4	铝合金防盗窗	010807005	金属格栅窗
5	塑钢门	010802001	金属（塑钢）门
6	塑钢窗	010807001	金属（塑钢）窗
7	幕墙	011209001/011209002	带骨架幕墙/全玻（无框玻璃）幕墙
8	内墙乳胶漆	011406001	抹灰面油漆
9	外墙漆、外墙真石漆	011406001	抹灰面油漆
10	外墙涂料	011407001	墙面喷刷涂料
11	防水涂料	根据平面、立面防水部位选取合适的清单项目	

7.2 铝合金门窗、幕墙、塑钢门窗装饰品

7.2.1 铝合金门窗、幕墙、塑钢门窗装饰品的计算规定

工程造价管理机构发布《建设工程造价信息》时，对铝合金门窗、幕墙、塑钢门窗装饰品均做出相应的工程量计算规定，下面以广西南宁市某期《建设工程造价信息》为例进行介绍。

铝合金门窗、幕墙、塑钢门窗装饰品的计算规定如下：

（1）铝合金（塑钢）推拉窗、平开窗、平开门、地弹门亮子高度在 650 mm 以内按相应门窗计算，高度在 650 mm 以上按固定窗计算。挑窗中挑出部分宽度在 600 mm 以内的固定窗按相应窗型计算，挑出宽度在 600 mm 以上的固定窗按固定窗计算。

（2）门连窗：门与窗分开计算工程量。

（3）异形窗、圆弧形窗按其外接矩形尺寸计算工程量。

（4）与玻璃幕墙连为整体的无框玻璃门按门计算工程量。

7.2.2 计算实例

【例 7-1】 广西南宁市区某工程项目的门窗表见表 7-2，编制该工程铝合金门窗的工程量清单。

表 7-2 门窗表

门窗编号	门窗类型	洞口尺寸/mm		数量	备注
		宽	高		
M1	铝合金地弹门	2 400	2 700	1	46 系列（2.0 mm 厚），6 mm 钢化白玻，详见大样图（图 7-1）
C1	铝合金窗	1 800	2 400	4	90 系列不带纱推拉窗，5 mm 白玻，详见大样图（图 7-1）

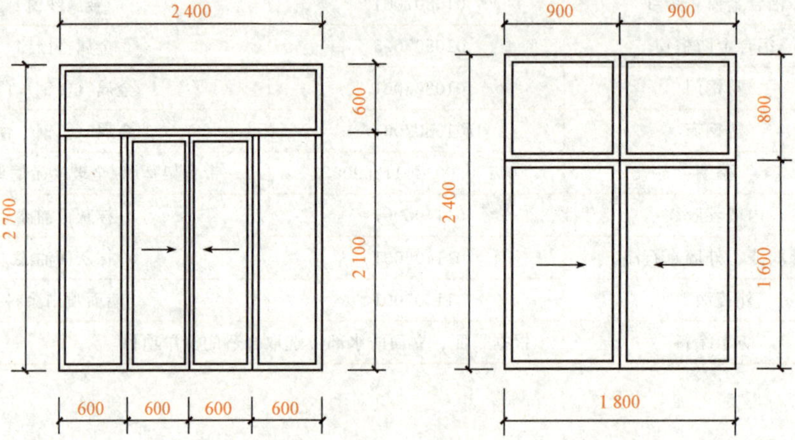

图 7-1 大样图

(a) M1 大样图；(b) C1 大样图

【解】 铝合金地弹门 M1 亮子高度（600 mm）＜650 mm，应按相应门窗计算，即按铝合金地弹门计算工程量；铝合金推拉窗 C-1 亮子高度（800 mm）＞650 mm，按固定窗计算。

铝合金地弹门 M1 $S=2.4\times2.7=6.48$（m^2）

铝合金推拉窗 C1 $S=1.8\times1.6\times4=11.52$（$m^2$）

铝合金固定窗 $S=1.8\times0.8\times4=5.76$（$m^2$）

税前项目清单与计价表详见表 7-3。

表 7-3 税前项目清单与计价表

工程名称：×××   标段：/   第 页 共 页

序号	项目编码	项目名称及项目特征描述	计量单位	工程量	金额/元		
					综合单价	合价	其中：暂估价
		税前项目工程					
1	010802001001	铝合金地弹门： (1) 门代号及洞口尺寸：M1。 (2) 门框材质：46 系列（2.0 mm 厚）。 (3) 玻璃品种、厚度：6 mm 钢化白玻	m^2	6.48			

序号	项目编码	项目名称及项目特征描述	计量单位	工程量	金额/元		
					综合单价	合价	其中：暂估价
2	010807001001	铝合金推拉窗： (1) 窗代号及洞口尺寸：C1；>2 m²。 (2) 框、扇材质：90 系列。 (3) 玻璃品种、厚度：5 mm 白玻	m²	11.52			
3	010807001002	铝合金固定窗： (1) 窗代号及洞口尺寸：≤2 m²。 (2) 框、扇材质：90 系列。 (3) 玻璃品种、厚度：5 mm 白玻	m²	5.76			

思政小课堂

自治区住房和城乡建设厅关于建设工程造价改革试点项目招标投标及计价规定调整的通知。

复习思考题

1. 工程量清单在计价过程中，常见的税前项目有哪些？
2. 简述广西南宁市对门连窗、异形窗、圆弧形窗、幕墙的工程量计算规定。

其他项目、规费、税金工程量清单编制

➡ **知识目标**

    1. 了解其他项目、规费、税金的项目内容。

    2. 掌握其他项目、规费、税金的编制规定。

➡ **能力目标**

    能够结合工程实际情况及广西现行计价规定，对其他项目、规费及税金项目合理、完整地进行清单列项。

➡ **素质目标**

    通过其他项目、规费、税金工程量清单编制的学习，将所学的理论知识与实际工程结合起来，培养学生独立思考、解决问题、查漏补缺的能力。

8.1 其他项目清单编制

    其他项目清单是指除分部分项工程量清单、措施项目清单外，因招标人的特殊要求而发生的与拟建工程有关的其他费用项目和相应数量的清单。

    《建设工程工程量清单计价规范》（GB 50500—2013）规定，其他项目清单包括暂列金额、暂估价〔包括材料（工程设备）暂估价和专业工程暂估价〕、计日工、总承包服务费。工程建设标准、工程的复杂程度、工程的工期、工程的组成内容、发包人对工程管理的要求等都直接影响其他项目清单的具体内容。规范仅提供 4 项内容作为列项参考，可以按照表 8-1 的格式编制其他项目清单，出现未包含在表格中的内容的项目，编制人可根据工程实际情况进行补充。

表 8-1　其他项目清单与计价汇总表

工程名称：　　　　　　　　　　标段：　　　　　　　　　　第　页　共　页

序号	项目名称	金额/元	结算金额/元	备注
1	暂列金额			
2	暂估价			
2.1	材料（工程设备）暂估价			
2.2	专业工程暂估价			
3	计日工			
4	总承包服务费			
	合计			

注：材料（工程设备）暂估单价并入清单项目综合单价，此处不汇总

8.1.1　暂列金额

暂列金额是指招标人在工程量清单中暂定并包括在工程合同价款中的一笔款项，用于施工合同签订时尚未确定或者不可预见的所需材料、工程设备、服务的采购，施工中可能发生的工程变更、合同约定调整因素出现时的工程价款调整，以及发生的索赔、现场签证确认等的费用。暂列金额明细见表 8-2。

表 8-2　暂列金额明细表

工程名称：　　　　　　　　　　标段：　　　　　　　　　　第　页　共　页

序号	项目名称	计量单位	暂定金额/元	备注
	合计			

注：此表由招标人填写，如不能详列，也可只列暂列金额总额，投标人应将上述暂列金额计入总价中

暂列金额应根据工程特点按有关计价规定估算。为保证工程施工建设的顺利实施，应针对施工过程中可能出现的各种不确定因素对工程造价的影响，估算一笔暂列金额。暂列金额可根据工程的复杂程度、设计深度、工程环境条件（包括地质、水文、气候条件等）等进行估算，一般可按分部分项工程费和措施项目费合计的 10％～15％来计算。

有一种错误的观念，即暂列金额列入合同价格就属于承包人（中标人）所有了。事实上，是否属于中标人应得金额取决于具体的合同约定，只有按照合同约定的程序实际发生后，才能成为中标人的应得金额，纳入合同结算价款中。扣除实际发生金额后的暂列金额余额仍属于招标人所有。

8.1.2 暂估价

暂估价包括材料（工程设备）暂估价和专业工程暂估价。暂估价是指招标阶段直至签订合同协议时，招标人在招标文件中提供的用于支付必然发生但暂时不能确定价格的材料及需另行发包的专业工程金额，见表8-3、表8-4。

表8-3 材料（工程设备）暂估价表

工程名称：　　　　　　　　　　标段：　　　　　　　　　　第 页 共 页

序号	材料（工程设备）名称、规格、型号	计量单位	数量		暂估/元		确认/元		差额±/元		备注
			暂估	确认	单价	合价	单价	合价	单价	合价	
合计											

注：此表由招标人填写"暂估单价"，并在备注栏说明暂估价的材料、工程设备拟用在哪些清单项目上，投标人应将上述材料、工程设备暂估价计入工程量清单综合单价报价中

表8-4 专业工程暂估价表

工程名称：　　　　　　　　　　标段：　　　　　　　　　　第 页 共 页

序号	工程名称	工程内容	暂估金额/元	结算金额	差额±/元	备注
合计						

注：此表"暂估金额"由招标人填写，投标人应将"暂估金额"计入投标总价中。结算时按合同约定结算金额填写

8.1.3 计日工

计日工是指在施工过程中，施工企业完成建设单位提出的施工图纸以外的零星项目或工作所需的项目。可采用表8-5的格式。

计日工以完成零星工作所消耗的人工工时、材料数量、机械台班进行计量，并按照计日工表中填报的适用项目的单价进行计价支付。计日工适用于除合同约定外的或者因变更而产生的、工程量清单中没有相应项目的额外工作，尤其是那些时间不允许事先商定价格的额外工作。计日工为额外工作和变更的计价提供了一个方便、快捷的途径。

表 8-5　计日工表

工程名称：　　　　　　　　　　标段：　　　　　　　　　第　页　共　页

编号	项目名称	单位	暂定数量	实际数量	综合单价/元	合价/元	
						暂定	实际
一	人工						
1							
2							
人工小计							
二	材料						
1							
2							
材料小计							
三	施工机械						
1							
2							
施工机械小计							
四	企业管理费和利润						
总计							

注：1. 此表项目名称、暂定数量由招标人填写，编制招标控制价时，综合单价由招标人按有关计价规定确定。

2. 投标时，综合单价由投标人自主报价，按暂定数量计算合价计入投标总价中

8.1.4 总承包服务费

总承包服务费是指总承包人为配合、协调建设单位进行的专业工程发包，对建设单位自行采购的材料、工程设备等进行保管；总承包人对发包的专业工程提供协调和配合服务，如分包人使用总包人的脚手架等；对施工现场进行统一管理；对竣工资料进行统一汇总整理等发生的服务所需的费用。

总承包服务费应列出服务项目及其内容等，招标人应当预计该项费用并按投标人的投标报价向投标人支付该项费用。可采用表 8-6 的格式。

表 8-6　总承包服务费计价表

工程名称：　　　　　　　　　　　　标段：　　　　　　　　　　第　页　共　页

序号	项目名称	项目价值/元	服务内容	计算基础	费率/%	金额/元
1	发包人发包专业工程					
2	发包人提供材料					
3	合计					

注：此表项目名称、服务内容由招标人填写，编制招标控制价时，费率及金额由招标人按有关计价规定确定；投标时，费率及金额由投标人自主报价，计入投标总价中

8.2　规费、税金工程量清单编制

8.2.1　规费项目内容

规费是指国家法律、法规规定，由省级政府和省级有关权力部门规定必须缴纳或计取的费用。《建设工程工程量清单计价规范》（GB 50500—2013）规定，规费项目清单应按照下列内容列项：社会保险费（包括养老保险费、失业保险费、医疗保险费、工伤保险费、生育保险费）、住房公积金、工程排污费。出现规范未列的项目，应根据省级政府或省级有关权力部门的规定列项。

8.2.2 税金项目内容

税金按"增值税"列项。当国家税法发生变化或地方政府及税务部门依据职权对税种进行调整时，应对税金项目清单进行相应调整。

8.2.3 规费、税金编制

规费和税金都应该按照国家有关部门规定缴纳，属于不可竞争费用。规费、税金项目清单与计价表详见表8-7。

表8-7 规费、税金项目计价表

工程名称：   标段：   第 页 共 页

序号	项目名称	计算基础	计算基数	计算费率/%	金额/元
1	规费	定额人工费			
1.1	社会保险费	定额人工费			
(1)	养老保险费	定额人工费			
(2)	失业保险费	定额人工费			
(3)	医疗保险费	定额人工费			
(4)	工伤保险费	定额人工费			
(5)	生育保险费	定额人工费			
1.2	住房公积金	定额人工费			
1.3	工程排污费	按工程所在地环境保护部门收取标准，按实计入			
2	税金（增值税）	分部分项工程费＋措施项目费＋其他项目费＋规费－按规费不计税的工程设备金额			
合计					

编制人（造价人员）：   复核人（造价工程师）：

关于暂列金额的法律问题

【典型案例】 平顶山市西部投资建设开发公司、河南嘉丰建设有限公司、路红云与范怀聚建设工程施工合同纠纷案（〔2020〕最高法民申 2484 号）。

基本案情：

平顶山市西部投资建设开发公司作为发包人通过招标投标程序与河南嘉丰建设有限公司作为承包人签订"建设工程施工合同"，合同第 12.4.2 条关于进度付款申请单编制约定：工程款按形象进度支付，承包人每月 25 日前向发包人报送已完工程量报表，经发包人、总监理工程师确认后，按实际完成量的 85％付款，河南嘉丰建设有限公司与范怀聚签订协议书，将案工程转包给没有施工资质的范怀聚施工。

平顶山市西部投资建设开发公司、河南嘉丰建设有限公司、路红云不服河南省高级人民法院（〔2019〕豫民终 1172 号）民事判决，申请再审。西部投资建设开发公司申请再审称，二审判决以西部投资建设开发公司未举证证明案涉工程存在工程量减少导致超付工程款为由，对西部投资建设开发公司的上诉请求不予支持，是错误的。二审判决对工程项目中"暂列金额"的理解错误，导致判决错误。"暂列金额"是用于工程合同签订时尚未确定或者不可预见的所需材料、工程设备、服务的采购，施工中可能发生的工程变更、合同约定调整因素出现时的合同价格调整以及发生的索赔、现场签证确认等费用。案涉项目在财政审定造价的基础上，增加 1 150 万元暂列金额，其独立于工程量清单之外，不属于工程审定造价内必须发生的费用。因此，只有施工过程中，实际工程量比合同签订时增加，才会考虑暂列金额（不确定数额），而二审法院认为工程量减少时合同总价才会减去暂列金额，明显理解错误。

裁判结果：

最高院观点，关于二审判决西部投资建设开发公司按合同价 85％支付工程价款是否正确的问题，本案例中，案涉工程已基本完工，监理单位已出具工程质量评估报告，范怀聚也已制作施工单位工程竣工报告，因河南嘉丰建设公司不申请案涉工程的竣工验收也不提供有关竣工验收资料，导致工程不能进行正常验收、结算。因承包方河南嘉丰建设公司不配合竣工验收，不影响范怀聚主张案涉工程进度款。根据西部投资建设开发公司与嘉丰建设公司签订建设工程施工合同关于工程款按形象进度支付，按实际完成量的 85％付款的约定，在案涉工程已基本完工情形下，范怀聚主张案涉工程已完成工程量 85％的进度款，符合双方合同约定。因西部投资建设开发公司不同意对已完工程量进行鉴定，导致范怀聚实际完成工程量的价款无法确定，二审案判决参考合同价，认定西部投资建设开发公司按照合同价的 85％支付工程进度款，即 99 595 511.77 元（117 171 190.32 元×85％）并无不当。西部投资建设开发公司主张应当扣除合同价款中的暂列金额，经查，暂列金额属于合同价的一部分，范怀聚提交的证据也显示案涉工程存在变更工程量情形，因此，在西部投资建设开发公司未举证证明二审判决按合同价的 85％计算工程进度款超出其应付河南嘉丰建设公司工程款总额情形下，二审该项认定并未实质性加重西部投资建设开发公司的负担，西部投资建设开发公司该申请理由不足以导致本案再审。

复习思考题

1. 简述暂列金额与暂估价的区别。
2. 简述规费包含的内容。
3. 规费和税金为何不得作为竞争性费用？

模块 3

清单计价文件编制

任务 9　某工程清单工程量计算表编制

任务 9

某工程清单工程量计算表编制

⇨ **知识目标**

1. 了解建筑装饰工程施工平面图、立面图、剖面图及总说明等图示内容。
2. 掌握建筑装饰工程工程量计算表的编制。

⇨ **能力目标**

学会识图并通过图纸内容编制建筑装饰工程工程量计算表。

⇨ **素质目标**

通过实际工程对建筑装饰工程清单工程量计算的编制综合训练，将所学的理论知识与实际工程结合起来，培养学生的识图能力、独立思考和解决问题的能力、熟悉国家建设工程相关法律与法规的能力，了解《中南地区通用建筑标准设计建筑配件图集》（15ZJ001），掌握《房屋建筑与装饰工程工程量计算规范》（GB 50854—2013）的运用。

9.1 分部分项工程量计算

建筑装饰工程由楼地面装饰工程，墙、柱面装饰与隔断，幕墙工程，天棚工程，油漆、涂料、裱糊工程，其他装饰工程，拆除工程 7 个分部工程组成。本小节通过某工程建筑装饰施工图内容进行剖析，学习编制该项目的建筑装饰工程工程量计算表。

分部分项工程量计算流程如图 9-1 所示。

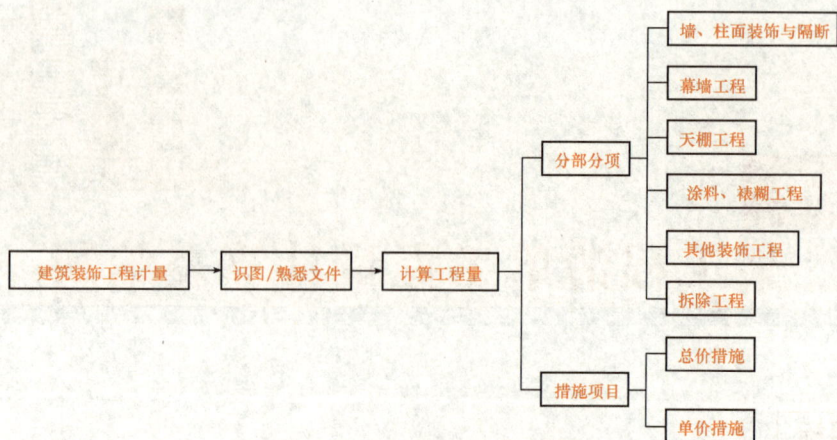

图 9-1　分部分项工程量计算流程

9.1.1　某工程施工图

1. 建筑设计总说明

（1）工程基本概况。

1）项目名称：A市A单位办公楼。

2）建设地点：A市A区A路A号。

3）建筑面积：180 m²。

4）建筑层数：地上2层。

5）建筑耐久年限：二级（50年）。

6）屋面防水等级：二级。

（2）建筑依据及一般说明。

1）设计执行国家、地方、行业现行建筑设计法规、规范及规定，企业设计标准，主要如下（包括但不限于）：

①《民用建筑设计统一标准》（GB 50352—2019）；

②《建筑设计防火规范（2018年版）》（GB 50016—2014）；

③《建筑地面设计规范》（GB 50037—2013）；

④《建筑玻璃应用技术规程》（JGJ 113—2015）。

2）根据建设方意见，本设计不含二次装修做法，仅提供部分装修做法，二次装修设计方案与设计方协商确定后，方可实施。

3）无梁楼板结构，图中所注尺寸均以毫米（mm）为单位，所注标高均以米（m）为单位，建筑室内标高为±0.000，$B=100$ mm，层高为3.2 m，内外墙厚度为240 mm。

4）暂列金额为5 000元。

5）楼地面做法参考《中南地区通用建筑标准设计建筑配件图集》（15ZJ001）。

（3）建筑装饰材料做法表（表9-1）。

表 9-1 建筑装饰材料做法表

分类	图集	编号	名称	使用部位	具体做法
地面	15ZJ001	地 201	陶瓷地砖地面	所有房间和楼梯间	1. 10 mm 厚防滑地砖（600 mm×600 mm）铺实拍平，水泥浆擦缝； 2. 20 mm 厚 1：3 干硬性水泥砂浆； 3. 素水泥浆一遍； 4. 80 mm 厚 C15 混凝土； 5. 基土夯实
楼面	15ZJ001	楼 201	陶瓷地砖楼面	所有房间和楼梯间	1. 10 mm 厚防滑地砖（600 mm×600 mm）铺实拍平，水泥浆擦缝； 2. 20 mm 厚 1：3 干硬性水泥砂浆； 3. 素水泥浆一遍； 4. 现浇钢筋混凝土楼板
外墙	15ZJ001	外墙 11	涂料外墙面 （一）	所有外立面	1. 15 mm 厚 1：3 水泥砂浆； 2. 5 mm 厚丁粉类聚合物水泥防水砂浆，中间压入一层耐碱玻璃纤维网布； 3. 喷或滚刷底涂料一遍； 4. 喷或滚刷面层油性乳胶漆两遍
内墙	15ZJ001	内墙 4	混合砂浆墙面 （一）	所有室内墙面	1. 15 mm 厚 1：1：6 水泥石灰砂浆； 2. 5 mm 厚 1：0.5：3 水泥石灰砂浆； 3. 一般型成品腻子粉两遍
踢脚线	15ZJ001	踢 14	面砖踢脚 （一）	所有室内墙面	1. 17 mm 厚 1：3 水泥砂浆； 2. 4 mm 厚 1：1 水泥砂浆加水重 20% 建筑胶镶贴； 3. 10 mm 厚面砖，水泥浆擦缝
顶棚	15ZJ001	顶 2	混合砂浆顶棚	所有顶棚	1. 钢筋混凝土板底面清理干净； 2. 5 mm 厚 1：1：4 水泥石灰砂浆； 3. 5 mm 厚 1：0.5：3 水泥石灰砂浆； 4. 表面喷刷涂料另选
屋面	15ZJ001	屋 105	水泥砂浆保护层屋面 （不上人屋面）	不上人屋面	1. 20 mm 厚 1：2.5 水泥砂浆，分格面积宜为 1 m²； 2. 0.4 mm 厚聚乙烯膜或 200 g/m² 聚酯无纺布一层； 3. 防水层； 4. 20 mm 厚 1：2.5 水泥砂浆找平； 5. 保温层； 6. 30 mm 厚（最薄处）LC5.0 轻集料混凝土找 2% 坡抹平； 7. 钢筋混凝土屋面板，表面清扫干净

（4）门窗表（表9-2）。

表 9-2 门窗表

类型	设计编号	洞口尺寸（宽×高）/ mm×mm	数量	材料及类型	备注
门	M1	2 400×2 700	1	铝合金地弹门	
	M2	900×2 400	4	成品木门	
窗	C1	1 500×1 500	11	铝合金推拉窗	窗台高 900 mm

2. 施工图

施工图如图 9-2～图 9-7 所示。

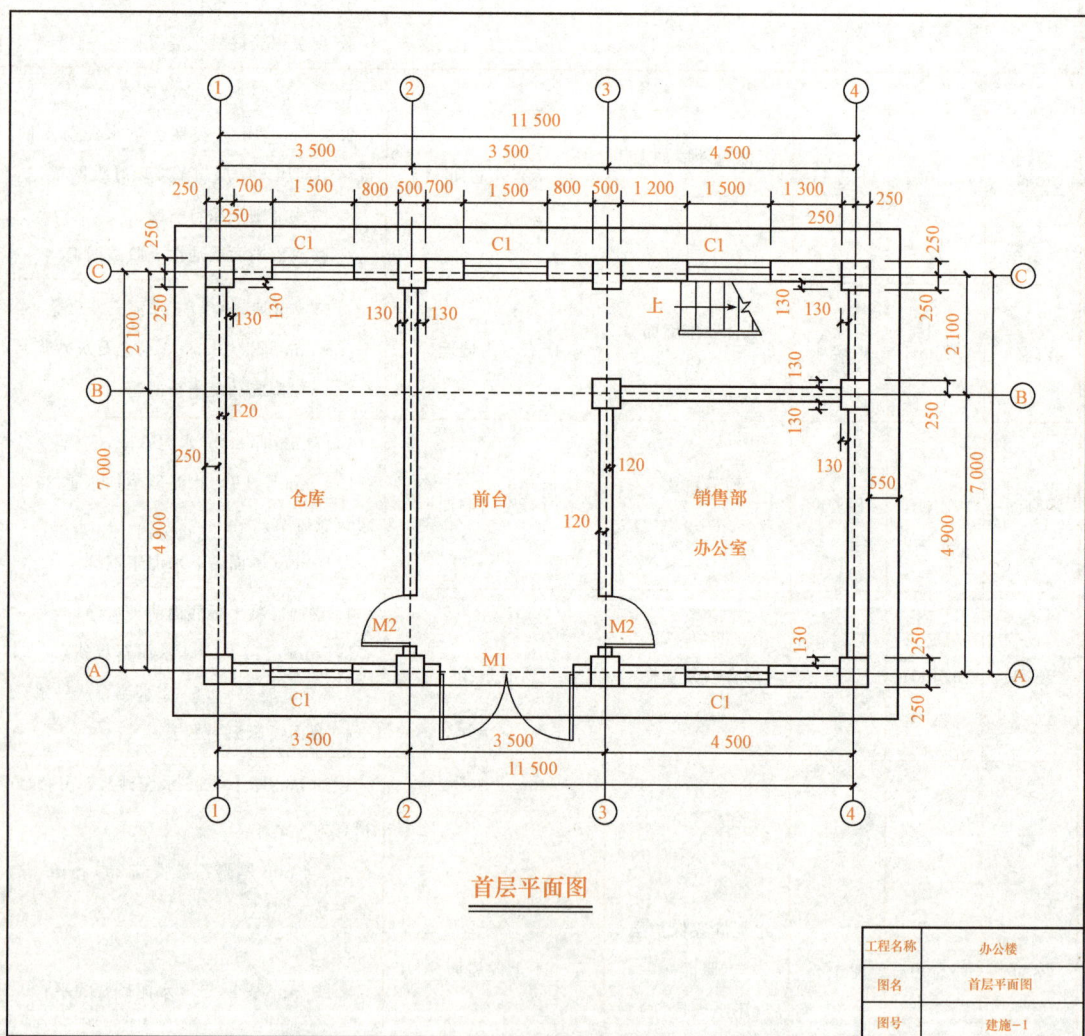

首层平面图

工程名称	办公楼
图名	首层平面图
图号	建施-1

图 9-2 首层平面图

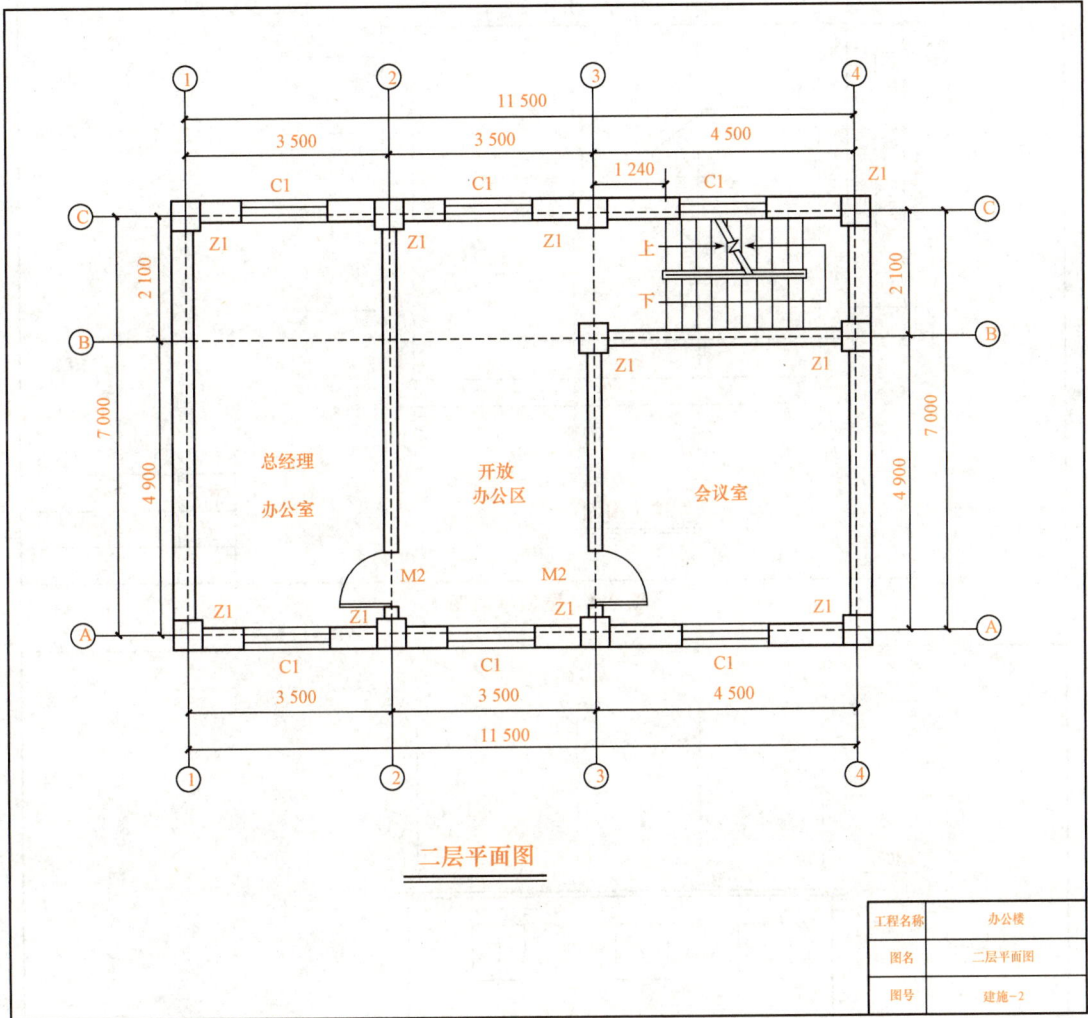

二层平面图

图 9-3　二层平面图

工程名称	办公楼
图名	二层平面图
图号	建施-2

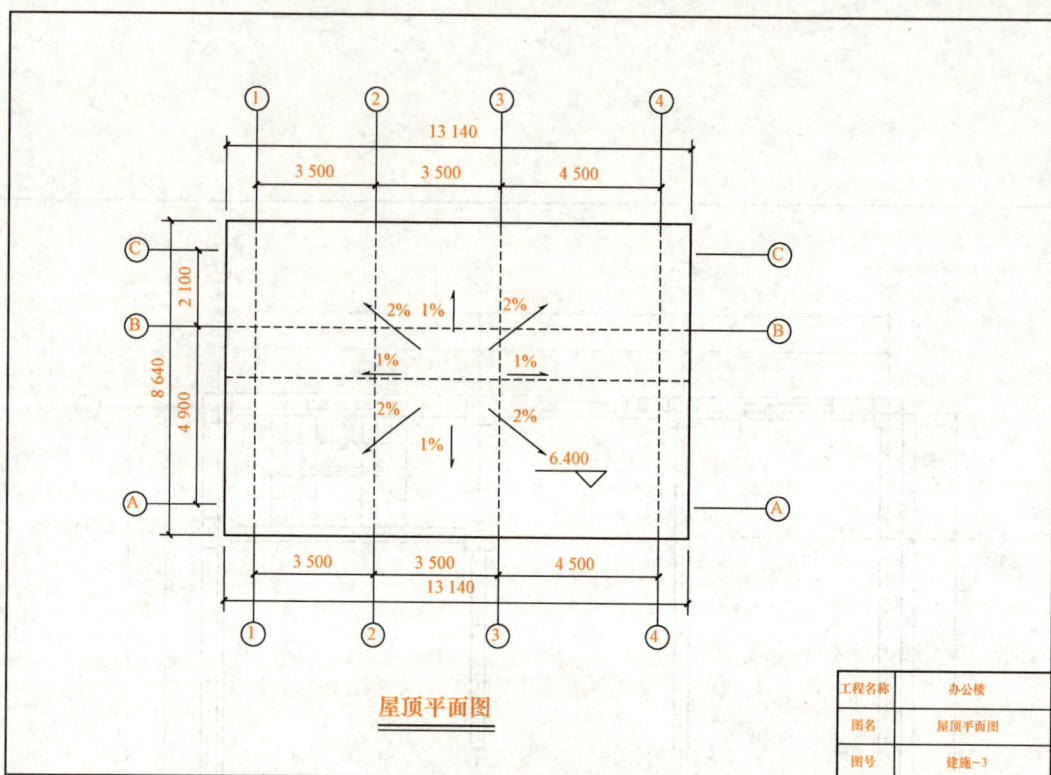

屋顶平面图

工程名称	办公楼
图名	屋顶平面图
图号	建施-3

图 9-4 屋顶平面图

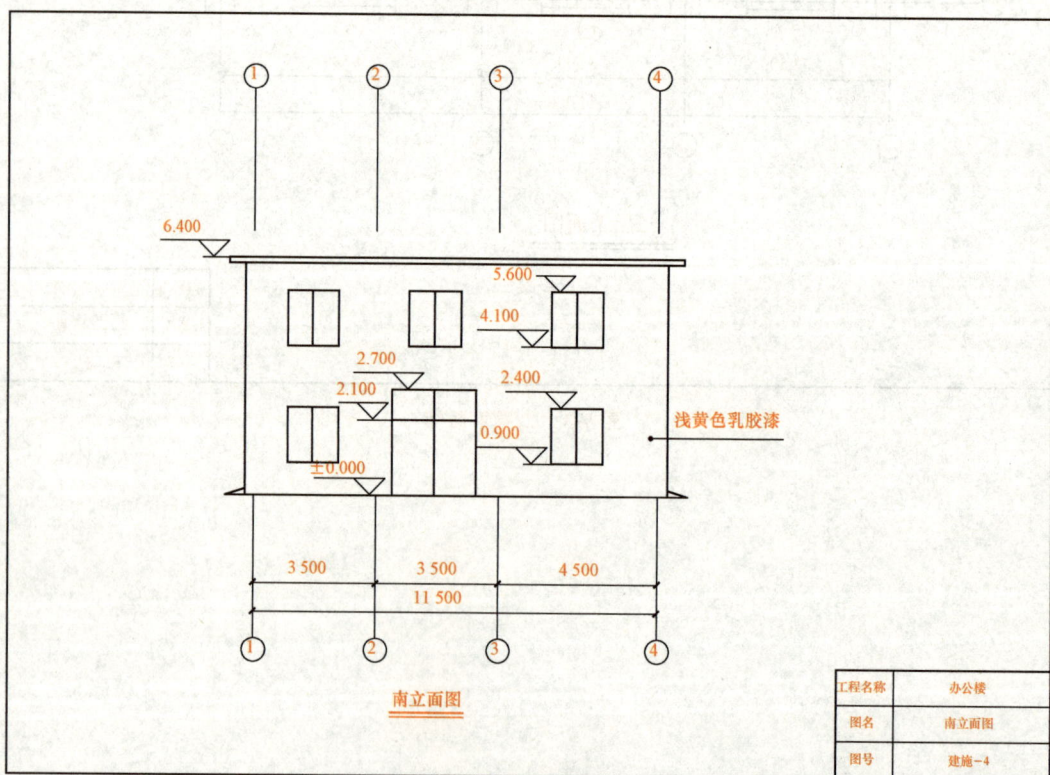

浅黄色乳胶漆

南立面图

工程名称	办公楼
图名	南立面图
图号	建施-4

图 9-5 南立面图

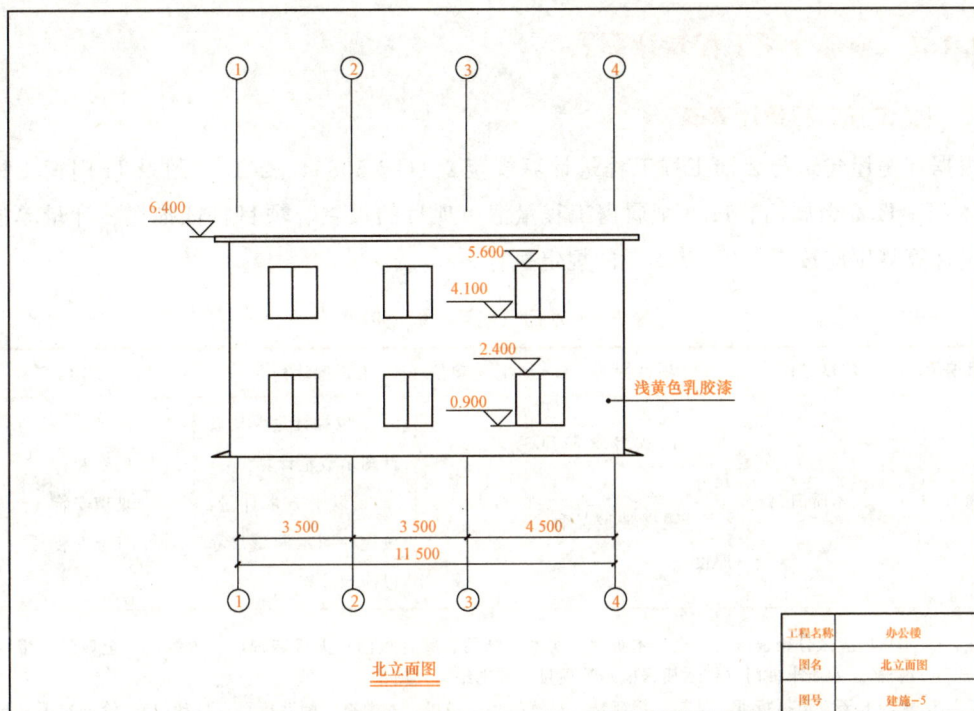

图 9-6 北立面图

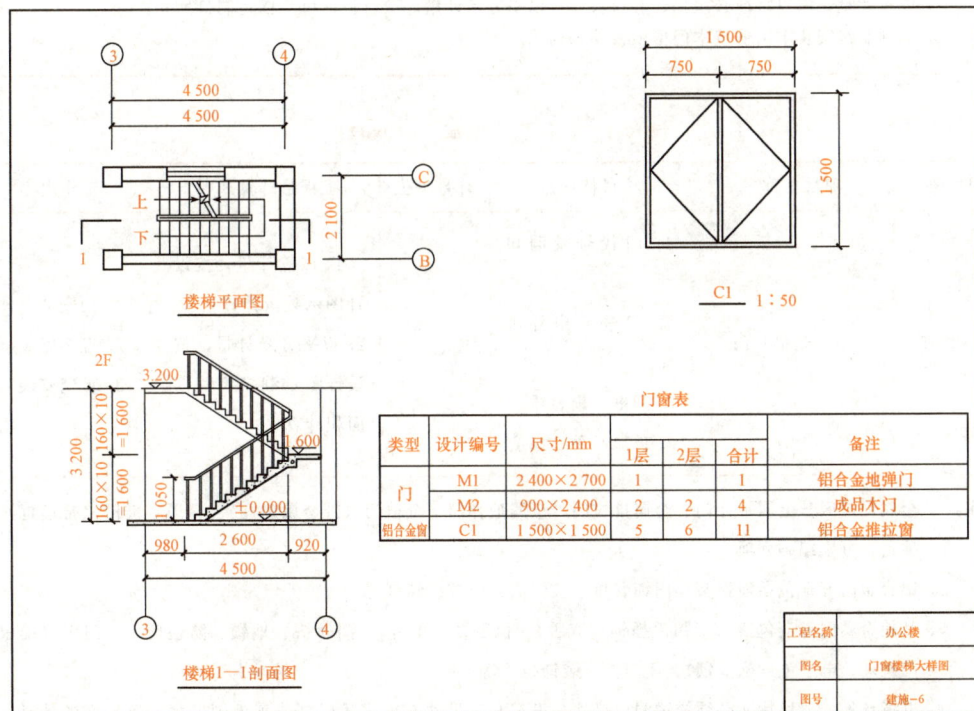

图 9-7 门窗及楼梯大样图

门窗表

类型	设计编号	尺寸/mm	1层	2层	合计	备注
门	M1	2 400×2 700	1		1	铝合金地弹门
	M2	900×2 400	2	2	4	成品木门
铝合金窗	C1	1 500×1 500	5	6	11	铝合金推拉窗

9.1.2 分部分项工程量计算表

1. 门窗工程工程量计算表

根据《房屋建筑与装饰工程工程量计算规范》（GB 50854—2013）附录 H 门窗工程中 H.1 木门、H.2 金属门、H.7 金属窗工程量清单项目的设置、项目特征描述、计量单位及工程量计算规则应按表 9-3～表 9-5 的规定执行。

表 9-3　木门（编码：010801）

项目编码	项目名称	项目特征	计量单位	工程量计算规则	工作内容
010801001	木质门	1. 门代号及洞口尺寸 2. 镶嵌玻璃品种、厚度	1. 樘 2. m²	1. 以樘计量，按设计图示数量计算 2. 以平方米计量，按设计图示洞口尺寸以面积计算	1. 门安装 2. 玻璃安装 3. 五金安装

注：1. 木质门应区分镶板木门、企口木板门、实木装饰门、胶合板门、夹板装饰门、木纱门、全玻门（带木质扇框）、木质半玻门（带木质扇框）等项目，分别编码列项；
　　2. 木门五金应包括折页、插销、门碰珠、弓背拉手、搭机、木螺钉、弹簧折页（自动门）、管子拉手（自由门、地弹门）、地弹簧（地弹门）、角铁、门轧头（地弹门、自由门）等；
　　3. 木质门带套计量按洞口尺寸以面积计算，不包括门套的面积；
　　4. 以樘计量，项目特征必须描述洞口尺寸；以平方米计量，项目特征可不描述洞口尺寸；
　　5. 单独制作安装木门框按木门框项目编码列项

表 9-4　金属门（编码：010802）

项目编码	项目名称	项目特征	计量单位	工程量计算规则	工作内容
010802001	金属（塑钢）门	1. 门代号及洞口尺寸 2. 门框或扇外围尺寸 3. 门框、扇材质 4. 玻璃品种、厚度	1. 樘 2. m²	1. 以樘计量，按设计图示数量计算 2. 以平方米计量，按设计图示洞口尺寸以面积计算	1. 门安装 2. 五金安装 3. 玻璃安装

注：1. 金属门应区分金属平开门、金属推拉门、金属地弹门、全玻门（带金属扇框）、金属半玻门（带扇框）等项目，分别编码列项。
　　2. 铝合金门五金包括地弹簧、门锁、拉手、门插、门铰、螺钉等。
　　3. 其他金属门五金包括 L 形执手插锁（双舌）、执手锁（单舌）、门轧头、地锁、防盗门机、门眼（猫眼）、门碰珠、电子锁（磁卡锁）、闭门器、装饰拉手等。
　　4. 以樘计量，项目特征必须描述洞口尺寸，没有洞口尺寸必须描述门框或扇外围尺寸；以平方米计量，项目特征可不描述洞口尺寸及框、扇的外围尺寸。
　　5. 以平方米计量，无设计图示洞口尺寸，按门框、扇外围以面积计算

表 9-5　金属窗（编码：010807）

项目编码	项目名称	项目特征	计量单位	工程量计算规则	工作内容
010807001	金属（塑钢、断桥）窗	1. 窗代号及洞口尺寸 2. 框、扇材质 3. 玻璃品种、厚度	1. 樘 2. m²	1. 以樘计量，按设计图示数量计算 2. 以平方米计量，按设计图示洞口尺寸以面积计算	1. 窗安装 2. 五金、玻璃安装

门窗工程工程量计算表见表 9-6。

表 9-6　门窗工程工程量计算表

编号	工程量计算式	单位	标准工程量	定额工程量
0108	门窗工程			
010801001001	成品木质门： 1. 不带纱，单扇，无亮 2. 门框尺寸：900 mm×2 400 mm 3. 运输距离：8 km	m²	8.64	8.64
M2	0.9×2.4×4		8.64	
A12—28	装饰成品门　安装	100 m²	8.64	0.086 4
	8.64		8.64	
A12—172	不带纱木门　五金配件　无亮　单扇	樘	4	4
	4		4	
A12—168 换	门窗运输　运距　1 km 以内（实际 8 km）	100 m²	8.64	0.086 4
	8.64		8.64	
010802001001	铝合金地弹门 1. 门框尺寸：2 400 mm×2 700 mm 2. 框、扇材质：90 系列 1.4 mm 厚白铝，带亮 3. 玻璃品种、厚度：5 mm 白玻 4. 运输距离：14 km	m²	6.48	6.48
M1	2.4×2.7		6.48	
A12—38	铝合金地弹门　带亮	100 m²	6.48	0.064 8
	2.4×2.7		6.48	
A12—168 换	门窗运输　运距 1 km 以内（实际 14 km）	100 m²	6.48	0.064 8
	6.48		6.48	

编号	工程量计算式	单位	标准工程量	定额工程量
010807001001	铝合金推拉窗＞2 m² 　1. 门框尺寸：1 500 mm×1 500 mm 　2. 框、扇材质：90 系列 1.4 mm 厚白铝，双扇带亮 　3. 玻璃品种、厚度：5 mm 白玻 　4. 离地高度：900 mm 　5. 运输距离：14 km	m²	24.75	24.75
C1	1.5×1.5×11		24.75	
A12—114	铝合金推拉窗　带亮	100 m²	24.75	0.247 5
	24.75		24.75	
A12—168 换	门窗运输　运距 1 km 以内（实际 14 km）	100 m²	24.75	0.247 5
	24.75		24.75	

2. 楼地面装饰工程工程量计算表

根据《房屋建筑与装饰工程工程量计算规范》（GB 50854—2013）附录 L 楼地面装饰工程中，L.1 整体面层及找平层、L.2 块料面层、L.5 踢脚线、L.6 楼梯面层，工程量清单项目的设置、项目特征描述的内容、计量单位及工程量计算规则应按表 9-7～表 9-10 的规定执行。

表 9-7　整体面层及找平层（编码：011101）

项目编码	项目名称	项目特征	计量单位	工程量计算规则	工作内容
011101006	平面砂浆找平层	找平层厚度、砂浆配合比	m²	按设计图示尺寸以面积计算	1. 基层清理 2. 抹找平层 3. 材料运输

注：1. 水泥砂浆面层处理是拉毛还是提浆压光应在面层做法要求中描述。
　　2. 平面砂浆找平层只适用于仅做找平层的平面抹灰。
　　3. 间壁墙指墙厚≤120 mm 的墙

表 9-8　块料面层（编码：011102）

项目编码	项目名称	项目特征	计量单位	工程量计算规则	工作内容
011102003	块料楼地面	1. 找平层厚度、砂浆配合比 2. 结合层厚度、砂浆配合比 3. 面层材料品种、规格、颜色 4. 嵌缝材料种类 5. 防护层材料种类 6. 酸洗、打蜡要求	m²	按设计图示尺寸以面积计算。门洞、空圈、暖气包槽、壁龛的开口部分并入相应的工程量内	1. 基层清理 2. 抹找平层 3. 面层铺设、磨边 4. 嵌缝 5. 刷防护材料 6. 酸洗、打蜡 7. 材料运输

注：1. 在描述碎石材项目的面层材料特征时可不用描述规格、品牌、颜色。

　　2. 石材、块料与黏结材料的结合面刷防渗材料的种类在防护层材料种类中描述。

　　3. 上表工作内容中的磨边指施工现场磨边，后面章节工作内容中涉及的磨边含义同此条

表 9-9　踢脚线（编码：011105）

项目编码	项目名称	项目特征	计量单位	工程量计算规则	工作内容
011105003	块料踢脚线	1. 踢脚线高度 2. 粘贴层厚度、材料种类 3. 面层材料品种、规格、颜色 4. 防护材料种类	1. m² 2. m	1. 以平方米计量，按设计图示长度乘高度以面积计算 2. 以米计量，按延长米计算	1. 基层清理 2. 底层抹灰 3. 面层铺贴、磨边 4. 擦缝 5. 磨光、酸洗、打蜡 6. 刷防护材料 7. 材料运输

注：石材、块料与黏结材料的结合面刷防渗材料的种类在防护层材料种类中描述

表 9-10　楼梯面层（编码：011106）

项目编码	项目名称	项目特征	计量单位	工程量计算规则	工作内容
011106002	块料楼梯面层	1. 找平层厚度、砂浆配合比 2. 黏结层厚度、材料种类 3. 面层材料品种、规格、颜色 4. 防滑条材料种类、规格 5. 勾缝材料种类 6. 防护层材料种类 7. 酸洗、打蜡要求	m²	按设计图示尺寸以楼梯（包括踏步、休息平台及≤500 mm的楼梯井）水平投影面积计算。楼梯与楼地面相连时，算至梯口梁内侧边沿；无梯口梁者，算至最上一层踏步边沿加 300 mm	1. 基层清理 2. 抹找平层 3. 面层铺贴、磨边 4. 贴嵌防滑条 5. 勾缝 6. 刷防护材料 7. 酸洗、打蜡 8. 材料运输

注：1. 在描述碎石材项目的面层材料特征时可不用描述规格、品牌、颜色。

　　2. 石材、块料与黏结材料的结合面刷防渗材料的种类在防护层材料种类中描述

楼地面装饰工程工程量计算表见表 9-11。

表 9-11　楼地面装饰工程工程量计算表

编号	工程量计算式	单位	标准工程量	定额工程量
0111	楼地面装饰工程			
011102003001	块料楼地面 1. 采用图集 15ZJ001 地 201、楼 201 2. 面层材料品种、规格、颜色：600 mm×600 mm 抛光砖	m²	139.59	139.59
	首层平面图			
仓库	(3.5−0.12×2)×(7−0.12×2)−0.13×0.13×4		21.97	
前台	(3.5−0.12×2)×(7−0.12×2)−0.13×0.13×4−0.5×0.13		21.91	
销售办公室	(4.5−0.12×2)×(4.9−0.12×2)−0.13×0.13×4		19.78	
楼梯间	4.5×(2.1−0.12×2)−0.37×0.13×2−0.13×0.13×2		8.24	
一层 M1	2.4×0.37		0.89	
一层 M2	0.9×0.24×2		0.43	
	二层平面图			
总经理办公室	(3.5−0.12×2)×(7−0.12×2)−0.13×0.13×4		21.97	
开放办公室	(3.5−0.12×2)×(7−0.12×2)−0.13×0.13×4−0.5×0.13		21.91	
会议室	(4.5−0.12×2)×(4.9−0.12×2)−0.13×0.13×4		19.78	
楼梯间	(0.37+0.86)×(2.1−0.12×2)−0.13×0.37×2		2.19	
二层 M2	0.9×0.24×2		0.43	
A9−83 换	陶瓷地砖楼地面 每块周长（2 400 mm 以内）水泥砂浆 密缝（换：水泥砂浆 1∶3）	100 m²	139.5	1.395
同清单量	139.5		139.5	
011106002001	块料楼梯面层 1. 采用图集 15ZJ001 楼 201 2. 成套梯级砖，自带防滑功能	m²	6.29	6.29
	3.4×(2.1−0.12×2)−0.13×0.13×2		6.29	
A9−96 换	陶瓷地砖 楼梯 水泥砂浆（换：水泥砂浆 1∶3）	100 m²	6.29	0.062 9

编号	工程量计算式	单位	标准工程量	定额工程量
	6.29		6.29	
011105003001	块料踢脚线 1. 采用图集 15ZJ001 踢 14 2. 陶瓷地砖 150 mm 高	m²	17.8	17.8
	首层平面图			
仓库＝0.15	$[(7-0.12\times2)\times2+(3.5-0.12\times2)\times2-0.9]\times0.15$		2.87	
前台＝0.15	$[(4.9-0.12+0.13-0.9+0.5)+(3.5-0.12\times2-2.4)+(7-0.12\times2-0.9)+(3.5-0.12\times2)]\times0.15$		2.17	
销售办公室＝0.15	$[(4.5-0.12\times2)\times2+(4.9-0.12\times2)\times2-0.9]\times0.15$		2.54	
楼梯间＝0.15	$[(4.5-0.12+0.25)\times2+(2.1-0.12\times2)]\times0.15$		1.67	
	二层平面图			
总经理办公室＝0.15	$[(7-0.12\times2)\times2+(3.5-0.12\times2)\times2-0.9]\times0.15$		2.87	
开放办公室＝0.15	$[(7-0.12\times2)+(3.5-0.12-0.25+0.13)+(3.5-0.12\times2)+(4.9+0.25-0.12+0.13)]\times0.15$		2.77	
会议室＝0.15	$[(4.5-0.12\times2)\times2+(4.9-0.12\times2)\times2-0.9]\times0.15$		2.54	
楼梯间＝0.15	$1.24\times2\times0.15$		0.37	
A9－99	陶瓷地砖 踢脚线 水泥砂浆（素水泥浆）	100 m²	17.80	0.178
同清单量	17.8		17.80	
011105003002	块料踢脚线楼梯 1. 采用图集 15ZJ001 踢 14 2. 陶瓷地砖 150 mm 高	m²	1.30	1.30
	$(3.4\times2+2.1-0.12\times2)\times0.15$		1.30	
A9－99	陶瓷地砖 踢脚线 水泥砂浆（素水泥浆）	100 m²	1.30	0.013
	$(3.4\times2+2.1-0.12\times2)\times0.15$		1.30	

3. 墙、柱面装饰与隔断、幕墙工程工程量计算表

根据《房屋建筑与装饰工程工程量计算规范》（GB 50854—2013）附录 M 墙、柱面装饰与隔断、幕墙工程中 M.1 墙面抹灰、M.2 柱（梁）面抹灰工程量清单项目的设置、项目

特征描述的内容、计量单位及工程量计算规则应按表 9-12、表 9-13 的规定执行。

表 9-12　墙面抹灰（编码：011201）

项目编码	项目名称	项目特征	计量单位	工程量计算规则	工作内容
011201001	墙面一般抹灰	1. 墙体类型 2. 底层厚度、砂浆配合比 3. 面层厚度、砂浆配合比 4. 装饰面材料种类 5. 分格缝宽度、材料种类	m²	按设计图示尺寸以面积计算。扣除墙裙、门窗洞口及单个＞0.3 m² 的孔洞面积，不扣除踢脚线、挂镜线和墙与构件交接处的面积，门窗洞口和孔洞的侧壁及顶面不增加面积。附墙柱、梁、垛、烟囱侧壁并入相应的墙面面积内 1. 外墙抹灰面积按外墙垂直投影面积计算 2. 外墙裙抹灰面积按其长度乘以高度计算 3. 内墙抹灰面积按主墙间的净长乘以高度计算 （1）无墙裙的，高度按室内楼地面至天棚底面计算 （2）有墙裙的，高度按墙裙顶至天棚底面计算 （3）有吊顶天棚抹灰，高度算至天棚底 4. 内墙裙抹灰面按内墙净长乘以高度计算	1. 基层清理 2. 砂浆制作、运输 3. 底层抹灰 4. 抹面层 5. 抹装饰面 6. 勾分格缝

注：1. 立面砂浆找平项目适用于仅做找平层的立面抹灰。

2. 墙面抹石灰砂浆、水泥砂浆、混合砂浆、聚合物水泥砂浆、麻刀石灰浆、石膏灰浆等按本表中墙面一般抹灰列项。

3. 飘窗凸出外墙面增加的抹灰并入外墙工程量内。

4. 有吊顶天棚的内墙面抹灰，抹至吊顶以上部分在综合单价中考虑

表 9-13　柱（梁）面抹灰（编码：011202）

项目编码	项目名称	项目特征	计量单位	工程量计算规则	工作内容
011202001	柱、梁面一般抹灰	1. 柱（梁）体类型 2. 底层厚度、砂浆配合比 3. 面层厚度、砂浆配合比 4. 装饰面材料种类 5. 分格缝宽度、材料种类	m²	1. 柱面抹灰：按设计图示柱断面周长乘高度以面积计算 2. 梁面抹灰：按设计图示梁断面周长乘长度以面积计算	1. 基层清理 2. 砂浆制作、运输 3. 底层抹灰 4. 抹面层 5. 勾分格缝

注：1. 砂浆找平项目适用于仅做找平层的柱（梁）面抹灰。

　　2. 柱（梁）面抹石灰砂浆、水泥砂浆、混合砂浆、聚合物水泥砂浆、麻刀石灰浆、石膏灰浆等按柱（梁）面一般抹灰编码列项

墙、柱面装饰与隔断幕墙工程工程量计算表见表 9-14。

表 9-14　墙、柱面装饰与隔断幕墙工程工程量计算表

编号	工程量计算式	单位	标准工程量	定额工程量
0112	墙、柱面装饰与隔断、幕墙工程			
011201001001	墙面一般抹灰 1. 采用图集 15ZJ001 内 4 2. 墙体类型：砖墙 3. 首层净高 3.1 m，二层净高 3.1 m	m²	371.21	371.21
	首层平面图			
仓库	(6.5×2+3×2+0.13×8)×3.1		62.12	
前台	(6.5+3×2+4.4+0.13×8+0.5×3)×3.1		60.26	
销售办公室	(4×2+4.4×2+0.13×8)×3.1		55.30	
一M一C	−(2.4×2.7+0.9×2.4×4+1.5×1.5×4)		−24.12	
	二层平面图			
总经理办公室	(6.5×2+3×2+0.13×8)×3.1		62.12	
开放办公室	(6.5+3×2+4.4+0.13×8+0.5×3)×3.1		60.26	
会议室	(4×2+4.4×2+0.13×8)×3.1		55.30	
一M一C	−(0.9×2.4×4+1.5×1.5×5)		−19.89	
	楼梯间			

编号	工程量计算式	单位	标准工程量	定额工程量
梯间	$(4+4+1.6+0.13\times6)\times(3.1+3.1)$		64.36	
−C	$-1.5\times1.5\times2$		−4.5	
A10−7	内墙 混合砂浆 砖墙（15+5）mm（水泥砂浆 1：2）	100 m²	371.21	3.712 1
同清单量	371.21			371.21
011201001002	墙面一般抹灰 水泥砂浆 1. 采用图集 15ZJ001 外 11 2. 墙体类型：砖墙	m²	218.37	218.37
	$(12\times2+7.5\times2)\times6.4$		249.6	
−M−C	$-(2.4\times2.7+1.5\times1.5\times11)$		−31.23	
A10−24 换	外墙 水泥砂浆 砖墙（12+8）mm（水泥砂浆 1：2） ［实际 15 mm］	100 m²	218.37	2.183 7
	218.37			218.37

4. 天棚工程工程量计算表

根据《房屋建筑与装饰工程工程量计算规范》（GB 50854—2013）附录 N 天棚工程中 N.1 天棚抹灰，工程量清单项目的设置、项目特征描述的内容、计量单位及工程量计算规则应按表 9-15 的规定执行。

表 9-15　天棚抹灰（编码：011301）

项目编码	项目名称	项目特征	计量单位	工程量计算规则	工作内容
011301001	天棚抹灰	1. 基层类型 2. 抹灰厚度、材料种类 3. 砂浆配合比	m²	按设计图示尺寸以水平投影面积计算。不扣除间壁墙、垛、柱、附墙烟囱、检查口和管道所占的面积，带梁天棚、梁两侧抹灰面积并入天棚面积内，板式楼梯底面抹灰按斜面积计算，锯齿形楼梯底板抹灰按展开面积计算	1. 基层清理 2. 底层抹灰 3. 抹面层

天棚工程工程量计算表见表 9-16。

表 9-16　天棚工程工程量计算表

编号	工程量计算式	单位	标准工程量	定额工程量
0113	天棚工程			
011301001001	天棚抹灰混合砂浆 采用图集 15ZJ001 顶 2	m^2	145.44	145.44
	首层平面图			
仓库	$(3.5-0.12\times2)\times(7-0.12\times2)$		22.04	
前台	$(3.5-0.12\times2)\times(7-0.12\times2)$		22.04	
销售办公室	$(4.5-0.12\times2)\times(4.9-0.12\times2)$		19.85	
	二层平面图			
总经理办公室	$(3.5-0.12\times2)\times(7-0.12\times2)$		22.04	
开放办公室	$(3.5-0.12\times2)\times(7-0.12\times2)$		22.04	
会议室	$(4.5-0.12\times2)\times(4.9-0.12\times2)$		19.85	
	楼梯间			
楼梯梯段及平台	$(2.1-0.12\times2)/2\times\sqrt{2.6\times2.6+1.6\times1.6}\times2+[(0.98+0.12)+(0.92-0.12)]\times(2.1-0.12\times2)$		9.21	
楼梯间天棚	$4.5\times(2.1-0.12\times2)$		8.37	
A11-5	混凝土面天棚 混合砂浆 现浇（5+5）mm（水泥砂浆 1:1）	$100\ m^2$	145.44	1.454 4
同清单量	145.44		145.44	

5. 油漆、涂料、裱糊工程工程量计算表

根据《房屋建筑与装饰工程工程量计算规范》（GB 50854—2013）附录 P 油漆、涂料、裱糊工程，P.1 门油漆、P.6 抹灰面油漆、P.7 喷刷涂料，工程量清单项目的设置、项目特征描述的内容、计量单位及工程量计算规则应按表 9-17～表 9-19 的规定执行。

表 9-17　门油漆（编码：011401）

项目编码	项目名称	项目特征	计量单位	工程量计算规则	工作内容
011401001	木门油漆	1. 门类型 2. 门代号及洞口尺寸 3. 腻子种类 4. 刮腻子遍数 5. 防护材料种类 6. 油漆品种、刷漆遍数	1. 樘 2. m²	1. 以樘计量，按设计图示数量计量 2. 以平方米计量，按设计图示洞口尺寸以面积计算	1. 基层清理 2. 刮腻子 3. 刷防护材料、油漆

注：1. 木门油漆应区分木大门、单层木门、双层（一玻一纱）木门、双层（单裁口）木门、全玻自由门、半玻自由门、装饰门及有框门或无框门等项目，分别编码列项。

2. 以平方米计量，项目特征可不必描述洞口尺寸

表 9-18　抹灰面油漆（编码：011406）

项目编码	项目名称	项目特征	计量单位	工程量计算规则	工作内容
011406003	满刮腻子	1. 基层类型 2. 腻子种类 3. 刮腻子遍数	m²	按设计图示尺寸以面积计算	1. 基层清理 2. 刮腻子

表 9-19　喷刷涂料（编码：011407）

项目编码	项目名称	项目特征	计量单位	工程量计算规则	工作内容
011407001	墙面喷刷涂料	1. 基层类型 2. 喷刷涂料部位 3. 腻子种类 4. 刮腻子要求 5. 涂料品种、喷刷遍数	m²	按设计图示尺寸以面积计算	1. 基层清理 2. 刮腻子 3. 刷、喷涂料

注：喷刷墙面涂料部位要注明内墙或外墙

油漆、涂料、裱糊工程工程量计算表见表 9-20。

表 9-20　油漆、涂料、裱糊工程工程量计算表

编号	工程量计算式	单位	标准工程量	定额工程量
0114	油漆、涂料、裱糊工程			
011401001001	木门油漆 1. 门类型：实木装饰门 2. 油漆品种、漆刷遍数：聚氨酯清漆两遍	m²	8.64	8.64

编号	工程量计算式	单位	标准工程量	定额工程量
M2	0.9×2.4×4		8.64	
A13—17 换	润油粉、聚氨酯漆两遍 单层木门（实际两遍）	100 m²	8.64	0.086 4
同清单量	8.64		8.64	
011406003001	满刮腻子 内墙面刮腻子数：刮成品腻子粉两遍	m²	371.21	371.21
	371.21			
A13—206 换	刮成品腻子粉 内墙面 两遍（实际两遍）	100 m²	371.21	3.712 1
同清单量	371.21		371.21	
011407001001	墙面喷刷涂料 1. 喷刷涂料部位：外墙面 2. 涂料品种：油性乳胶漆 3. 满刮腻子两遍	m²	218.37	218.37
	218.37			
A13—219	外墙喷乳胶漆 油性 墙、柱面	100 m²	218.37	2.183 7
同清单量	218.37			

6. 其他装饰工程工程量计算表

根据《房屋建筑与装饰工程工程量计算规范》（GB 50854—2013）附录 Q 其他装饰工程中 Q.3 扶手、栏杆、栏板装饰，工程量清单项目的设置、项目特征描述的内容、计量单位及工程量计算规则应按表 9-21 的规定执行。

表 9-21　扶手、栏杆、栏板装饰（编码：011503）

项目编码	项目名称	项目特征	计量单位	工程量计算规则	工作内容
011503001	金属扶手、栏杆、栏板	1. 扶手材料种类、规格 2. 栏杆材料种类、规格 3. 栏板材料种类、规格、颜色 4. 固定配件种类 5. 防护材料种类	m	按设计图示以扶手中心线长度（包括弯头长度）计算	1. 制作 2. 运输 3. 安装 4. 刷防护材料

其他装饰工程工程量计算见表9-22。

表 9-22　其他装饰工程工程量计算表

编号	工程量计算式	单位	标准工程量	定额工程量
0115	其他装饰工程			
011503001001	不锈钢栏杆 201 材质 1. 采用图集：11ZJ401 W/14 2. 扶手采用：11ZJ401 12/37	m	6.21	6.21
	3.053×2＋0.1		6.21	
A14－108	不锈钢管栏杆 直线型 竖条形（圆管）	10 m	6.21	0.621
	6.21		6.21	
A14－119	不锈钢管扶手直行 $\phi 60$	10 m	6.21	0.621
	6.21		6.21	
A14－124	不锈钢弯头 $\phi 60$	10 个	1	0.1
	1		1	

9.2　措施项目工程量计算

措施项目计价由总价措施项目、单价措施项目两部分组成。本小节结合某工程实例学习编制项目单价措施工程量计算表。

根据《房屋建筑与装饰工程工程量计算规范》（GB 50854—2013）附录 S 措施项目中 S.1 脚手架工程，工程量清单项目的设置、项目特征描述的内容、计量单位及工程量计算规则应按表 9-23 的规定执行。

表 9-23　脚手架工程（编码：011701）

项目编码	项目名称	项目特征	计量单位	工程量计算规则	工作内容
011701002	外脚手架	1. 搭设方式 2. 搭设高度 3. 脚手架材质	m²	按所服务对象的垂直投影面积计算	1. 场内、场外材料搬运 2. 搭、拆脚手架、斜道、上料平台 3. 安全网的铺设 4. 拆除脚手架后材料的堆放

注：1. 使用综合脚手架时，不再使用外脚手架、里脚手架等单项脚手架；综合脚手架适用于能够按"建筑面积计算规则"计算建筑面积的建筑工程脚手架，不适用于房屋加层、构筑物及附属工程脚手架。

　　2. 同一建筑物有不同檐高时，按建筑物竖向切面分别按不同檐高编列清单项目。

　　3. 建筑面积计算按《建筑工程建筑面积计算规范》（GB/T 50353—2013）。

　　4. 脚手架材质可以不描述，但应注明由投标人根据工程实际情况按照《建筑施工扣件式钢管脚手架安全技术规范》（JGJ 130—2011）、《建筑施工附着升降脚手架暂行规定》（建建〔2000〕230 号）等规范自行确定

单价措施工程量计算表见表 9-24。

表 9-24　单价措施工程量计算表

编号	工程量计算式	单位	标准工程量	定额工程量
0117	单价措施项目			
011701	脚手架工程			
011701003001	外装修脚手架	m²	249.6	249.6
	(7.5＋12)×2×6.4		249.6	
A15—61	外装修钢管脚手架高度（h）10 m 以内	100 m²	249.6	2.496
同清单量	249.6		249.6	

9.3　A 市 A 单位办公楼工程量计算

根据 A 市 A 单位办公楼建筑设计总说明、施工图（平、立、剖、大样）、《房屋建筑与装饰工程工程量计算规范》（GB 50854—2013）、《广西壮族自治区建筑装饰装修工程消耗量定额》及相关政策文件，编制整理 A 市 A 单位办公楼分部分项工程量计算表（表 9-25）、单价措施工程量计算表（表 9-26）。

表 9-25　A 市 A 单位办公楼分部分项工程量计算表

编号	工程量计算式	单位	标准工程量	定额工程量
0108	门窗工程			
010801001001	成品木质门 1. 不带纱，单扇，无亮 2. 运输距离：8 km	m²	8.64	8.64
M2	0.9×2.4×4			8.64
A12—28	装饰成品门　安装	100 m²	8.64	0.086 4
	8.64			8.64
A12—172	不带纱木门　五金配件　无亮　单扇	樘	4	4
	4			4
A12—168 换	门窗运输　运距　1 km 以内（实际 8 km）	100 m²	8.64	0.086 4
	8.64			8.64
010802001001	铝合金地弹门 1. 框、扇材质：90 系列 1.4 mm 厚白铝，带亮 2. 玻璃品种、厚度：5 mm 白玻 3. 运输距离：14 km	m²	6.48	6.48
M1	2.4×2.7			6.48
A12—38	铝合金地弹门　带亮	100 m²	6.48	0.064 8
	2.4×2.7			6.48
A12—168 换	门窗运输 运距 1 km 以内（实际 14 km）	100 m²	6.48	0.064 8
	6.48			6.48
010807001001	铝合金推拉窗＞2 m² 1. 框、扇材质：90 系列 1.4 mm 厚白铝，带亮 2. 玻璃品种、厚度：5 mm 白玻	m²	24.75	24.75
C1	1.5×1.5×11			24.75
A12—114	铝合金推拉窗 带亮	100 m²	24.75	0.247 5
	24.75			24.75
A12—168 换	门窗运输　运距 1 km 以内（实际 14 km）	100 m²	24.75	0.247 5
	24.75			24.75
0111	楼地面装饰工程			

编号	工程量计算式	单位	标准工程量	定额工程量
011102003001	块料楼地面 1. 采用图集 15ZJ001 地 201、楼 201 2. 面层材料品种、规格、颜色：600 mm×600 mm 抛光砖	m²	139.5	139.5
	首层平面图			
仓库	$(3.5-0.12\times2)\times(7-0.12\times2)-0.13\times0.13\times4$		21.97	
前台	$(3.5-0.12\times2)\times(7-0.12\times2)-0.13\times0.13\times4-0.5\times0.13$		21.91	
销售办公室	$(4.5-0.12\times2)\times(4.9-0.12\times2)-0.13\times0.13\times4$		19.78	
楼梯间	$4.5\times(2.1-0.12\times2)-0.37\times0.13\times2-0.13\times0.13\times2$		8.24	
一层 M1	2.4×0.37		0.89	
一层 M2	$0.9\times0.24\times2$		0.43	
	二层平面图			
总经理办公室	$(3.5-0.12\times2)\times(7-0.12\times2)-0.13\times0.13\times4$		21.97	
开放办公室	$(3.5-0.12\times2)\times(7-0.12\times2)-0.13\times0.13\times4-0.5\times0.13$		21.91	
会议室	$(4.5-0.12\times2)\times(4.9-0.12\times2)-0.13\times0.13\times4$		19.78	
楼梯间	$(0.37+0.86)\times(2.1-0.12\times2)-0.13\times0.37\times2$		2.19	
二层 M2	$0.9\times0.24\times2$		0.43	
A9-83 换	陶瓷地砖楼地面 每块周长（2 400 mm 以内）水泥砂浆 密缝（换：水泥砂浆 1∶3）	100 m²	139.5	1.395
同清单量	139.5		139.5	
011106002001	块料楼梯面层 1. 采用图集 15ZJ001 楼 201 2. 成套梯级砖，自带防滑功能	m²	6.29	6.29

编号	工程量计算式	单位	标准工程量	定额工程量
	3.4×(2.1−0.12×2)−0.13×0.13×2		6.29	
A9−96 换	陶瓷地砖　楼梯　水泥砂浆（换：水泥砂浆 1∶3）	100 m²	6.29	0.062 9
	6.29		6.29	
011105003001	块料踢脚线 1. 采用图集 15ZJ001 踢 14 2. 陶瓷地砖 150 mm 高	m²	17.8	17.8
	首层平面图			
仓库＝0.15	[(7−0.12×2)×2+(3.5−0.12×2)×2−0.9]×0.15		2.87	
前台＝0.15	[(4.9−0.12+0.13−0.9+0.5)+(3.5−0.12×2−2.4)+(7−0.12×2−0.9)+(3.5−0.12×2)]×0.15		2.17	
销售办公室＝0.15	[(4.5−0.12×2)×2+(4.9−0.12×2)×2−0.9]×0.15		2.54	
楼梯间＝0.15	[(4.5−0.12+0.25)×2+(2.1−0.12×2)]×0.15		1.67	
	二层平面图			
总经理办公室＝0.15	[(7−0.12×2)×2+(3.5−0.12×2)×2−0.9]×0.15		2.87	
开放办公室＝0.15	[(7−0.12×2)+(3.5−0.12−0.25+0.13)+(3.5−0.12×2)+(4.9+0.25−0.12+0.13)]×0.15		2.77	
会议室＝0.15	[(4.5−0.12×2)×2+(4.9−0.12×2)×2−0.9]×0.15		2.54	
楼梯间＝0.15	1.24×2×0.15		0.37	
A9−99	陶瓷地砖　踢脚线　水泥砂浆（素水泥浆）	100 m²	17.8	0.178
同清单量	17.8		17.8	
011105003002	块料踢脚线楼梯 1. 采用图集 15ZJ001 踢 14 2. 陶瓷地砖 150 mm 高	m²	1.30	1.30

编号	工程量计算式	单位	标准工程量	定额工程量
	$(3.4×2+2.1-0.12×2)×0.15$		1.30	
A9-99	陶瓷地砖 踢脚线 水泥砂浆（素水泥浆）	100 m²	1.30	0.013
	$(3.4×2+2.1-0.12×2)×0.15$		1.30	
0112	墙、柱面装饰与隔断、幕墙工程			
011201001001	墙面一般抹灰 1. 采用图集 15ZJ001 内 4 2. 墙体类型：砖墙 3. 首层净高 3.1 m，二层净高 3.1 m	m²	371.21	371.21
	首层平面图			
仓库	$(6.5×2+3×2+0.13×8)×3.1$		62.12	
前台	$(6.5+3×2+4.4+0.13×8+0.5×3)×3.1$		60.26	
销售办公室	$(4×2+4.4×2+0.13×8)×3.1$		55.30	
-M-C	$-(2.4×2.7+0.9×2.4×4+1.5×1.5×4)$		-24.12	
	二层平面图			
总经理办公室	$(6.5×2+3×2+0.13×8)×3.1$		62.12	
开放办公室	$(6.5+3×2+4.4+0.13×8+0.5×3)×3.1$		60.26	
会议室	$(4×2+4.4×2+0.13×8)×3.1$		55.3	
-M-C	$-(0.9×2.4×4+1.5×1.5×5)$		-19.89	
	楼梯间			
梯间	$(4+4+1.6+0.13×6)×(3.1+3.1)$		64.36	
-C	$-1.5×1.5×2$		-4.5	
A10-7	内墙 混合砂浆 砖墙（15+5）mm（水泥砂浆1:2）	100 m²	371.21	3.712 1
同清单量	371.21			371.21
011201001002	墙面一般抹灰 水泥砂浆 1. 采用图集 15ZJ001 外 11 2. 墙体类型：砖墙	m²	218.37	218.37
	$(12×2+7.5×2)×6.4$		249.6	
-M-C	$-(2.4×2.7+1.5×1.5×11)$		-31.23	
A10-24 换	外墙 水泥砂浆 砖墙（12+8）mm（水泥砂浆1:2）（实际15 mm）	100 m²	218.37	2.183 7

编号	工程量计算式	单位	标准工程量	定额工程量
	218.37		218.37	
0113	天棚工程			
011301001001	天棚抹灰混合砂浆 采用图集 15ZJ001 顶 2	m²	145.44	145.44
	首层平面图			
仓库	$(3.5-0.12\times2)\times(7-0.12\times2)$		22.04	
前台	$(3.5-0.12\times2)\times(7-0.12\times2)$		22.04	
销售办公室	$(4.5-0.12\times2)\times(4.9-0.12\times2)$		19.85	
	二层平面图			
总经理办公室	$(3.5-0.12\times2)\times(7-0.12\times2)$		22.04	
开放办公室	$(3.5-0.12\times2)\times(7-0.12\times2)$		22.04	
会议室	$(4.5-0.12\times2)\times(4.9-0.12\times2)$		19.85	
	楼梯间			
楼梯梯段及平台	$(2.1-0.12\times2)/2\times\sqrt{2.6\times2.6+1.6\times1.6}\times2+[(0.98+0.12)+(0.92-0.12)]\times(2.1-0.12\times2)$		9.21	
楼梯间天棚	$4.5\times(2.1-0.12\times2)$		8.37	
A11—5	混凝土面天棚 混合砂浆 现浇（5＋5）mm（水泥砂浆 1:1）	100 m²	145.44	1.454 4
同清单量	145.44		145.44	
0114	油漆、涂料、裱糊工程			
011401001001	木门油漆 1. 门类型：实木装饰门 2. 油漆品种、漆刷遍数：聚氨酯清漆两遍	m²	8.64	8.64
M2	$0.9\times2.4\times4$		8.64	
A13—17 换	润油粉、聚氨酯漆两遍 单层木门（实际两遍）	100 m²	8.64	0.086 4
同清单量	8.64		8.64	
011406003001	满刮腻子 内墙面刮腻子数：刮成品腻子粉两遍	m²	371.21	371.21
	371.21			
A13—206 换	刮成品腻子粉 内墙面 两遍（实际两遍）	100 m²	371.21	3.712 1

编号	工程量计算式	单位	标准工程量	定额工程量
同清单量	371.21		371.21	
011407001001	墙面喷刷涂料 1. 喷刷涂料部位：外墙面 2. 涂料品种：油性乳胶漆 3. 满刮腻子两遍	m²	218.37	218.37
	218.37			
A13－219	外墙喷乳胶漆 油性 墙、柱面	100 m²	218.37	2.183 7
同清单量	218.37			
0115	其他装饰工程			
011503001001	不锈钢栏杆 201 材质 1. 采用图集：11ZJ401 W/14 2. 扶手采用：11ZJ401 12/37	m	6.21	6.21
	3.053×2+0.1			6.21
A14－108	不锈钢管栏杆 直线型 竖条形（圆管）	10 m	6.21	0.621
	6.21			6.21
A14－119	不锈钢管扶手 直行 ϕ60	10 m	6.21	0.621
	6.21			6.21
A14－124	不锈钢弯头 ϕ60	10 个	1	0.1
	1			1

表 9-26 单价措施工程量计算表

编号	工程量计算式	单位	标准工程量	定额工程量
0117	单价措施项目			
011701	脚手架工程			
011701003001	外装修脚手架	m²	249.6	249.6
	(7.5+12)×2×6.4			249.6
A15－61	外装修钢管脚手架高度（h）10 m 以内	100 m²	249.6	2.496
同清单量	249.6			249.6

任务小结

本任务通过一个工程实例，先识图，认识学习整套建筑装饰装修图，了解各装饰材料及工艺做法；再学习各装饰分部分项工程量计算规范，整体性掌握装饰工程工程量清单编制的要求，并按照工程装饰施工图进行分部分项工程量计算和措施项目工程量计算。

思政小课堂

最近凭借传统文化融合现代技术的节目和文创品频频出圈，从《诗词大会》《朗读者》等综艺节目，到《唐宫夜宴》《洛神赋》《只此青绿》舞蹈，从冬奥会的冰墩墩、雪容融到"雪飞天"首钢大跳台，都让我们感受到中华传统文化之美。在中国建筑设计中，我们也经常将中国传统元素融入其中，如祥云、龙、凤、鲤鱼、如意、平安扣、中国红等。你所知道的哪些建筑体现中国传统文化？它们体现了中国传统文化的哪些元素？

复习思考题

1. 简述图集 15ZJ001 中编号为"顶2"的具体名称、具体做法。
2. 简述图集 15ZJ001 中编号为"屋105"的具体名称、具体做法。
3. 简述项目编号（011202001）的项目名称及工程量计算规则。
4. 简述项目编号（011105003）的项目名称及工程量计算规则。
5. 列举"L.5 踢脚线（编码 011105）"的七个项目名称及计量单位。

模块 4

案例及软件操作

任务 10
建筑装饰工程计价软件操作及实际操作

⇒ **知识目标**

1. 认识建筑装饰工程计价软件并学会如何下载。
2. 掌握建筑装饰工程计价软件操作并对 A 市 A 单位办公楼进行计价。

⇒ **能力目标**

认识广联达并学会下载应用广联达计价软件进行工程计价。

⇒ **素质目标**

结合实际工程对广联达建筑装饰工程计价软件进行全面操练，通过对本任务的学习，认识并熟练掌握计价软件——广联达云计价平台 GCCP6.0 的下载及用户界面，文件的启动与退出，工程计价的具体操作流程等软件的应用，熟悉计价文件的输入与输出，掌握计价软件导出的各类表格功能。

10.1 建筑装饰工程计价软件简介

10.1.1 计价软件——广联达云计价平台 GCCP6.0 功能简介

广联达科技股份有限公司立足建筑业，围绕工程项目的全生命周期，为客户提供数字化软硬件产品、解决方案及相关服务。公司业务覆盖设计、造价、施工、运维、供采、园区，以及金融、高校、投资并购等领域，涵盖工具软件、解决方案、大数据服务、移动App、云计算服务、智能硬件设备、产业金融服务等多种业务形态。广联达云计价平台 GCCP6.0 是主要面向建设施工单位、工程造价管理部门、设计院等建筑行业用户使用的一款建设工程造价计价平台，支持概算、预算、结算、审核业务，可随时查看造价，云端批注共享，同时支持多人协同编制招标投标报价文件，各业务阶段数据无缝对接，零损耗，计价业务更全面、专业。GCCP6.0 满足国标清单及市场清单两种业务模式，覆盖了民建工程造价全专业、全岗位、全过程的计价业务场景，通过端·云·大数据产品形态，旨在解决造价作业效率低、企业数据应用难等问题，助力企业实现作业高效化、数据标准化、应用智能化，达成造价数字化管理的目标。

广联达云计价平台 GCCP6.0 有四大特色：一是概预结审全覆盖，产品使用高效更便捷；二是量价一体，实现与算量工程的数据互通、实时刷新、图形反查，提量效率翻倍；三是高效组价提量，从组价、提量、成果文件整个编制过程提高效率；四是大数据更新更便捷，在政策文件修改发布后，分秒级更新最新定额库。

10.1.2　计价软件——广联达云计价平台 GCCP6.0 下载

广联达计价软件可以到广联达服务新干线（网址：https：//www.fwxgx.com/）的软件下载区域进行下载。现广联达计价软件有 GCCP6.0、GCCP5.0、GBQ4.0、GBQ3.0、兴安得力、擎洲计价、广联达电力计价、广联达土地整理计价、广联达公路云计价、广联达水利水电云计价、广联达石油石化云计价、广联达光伏云计价、广联达煤炭云计价、广联达民用机场云计价、广联达冶金计价、共有计价、清标软件等。

下载广联达云计价平台 GCCP6.0 与其他应用程序下载顺序一样，在广联达服务新干线（网址：https：//www.fwxgx.com/）界面找到"软件下载"，从"软件下载"的左界面找到 GCCP6.0，根据计算机配置单击"广联达云计价平台 GCCP6.0-64 位"或"广联达云计价平台 GCCP6.0-32 位"，进入 GCCP6.0 下载界面后单击"高速下载"按钮或"普通下载"按钮，如图 10-1 所示。

图 10-1　广联达云计价平台 GCCP6.0 下载

10.2　建筑装饰工程计价软件操作流程

10.2.1　广联达云计价平台 GCCP6.0 的启动、退出及工作界面的认识

广联达云计价平台 GCCP6.0 与其他应用程序一样，为用户提供多种启动与退出软件的

快捷方式。用户通过这些快捷方式可以非常方便地启动与退出。在不需要使用时，将它关闭可减少计算机内存的使用，以方便其他应用程序工作。通过下述例子来学习启动与退出广联达云计价平台 GCCP6.0 的方法和技巧。

1. 广联达云计价平台 GCCP6.0 启动方法

（1）快捷方式。当在计算机上成功安装广联达云计价平台 GCCP6.0、广材助手和广联达新驱动后，系统会自动在计算机的桌面上创建"广联达云计价平台 GCCP6.0""广材助手"和"广联达新驱动"的快捷方式图标。插上广联达计价网络锁或单机锁后双击"广联达新驱动"图标（图10-2），检测锁连接成功后双击"广联达云计价平台 GCCP6.0"图标（图10-3），即可以启动广联达云计价平台 GCCP6.0。

图 10-2 "广联达新驱动"图标   图 10-3 "广联达云计价平台 GCCP6.0"图标

（2）开始菜单。插上广联达计价网络锁或单机锁后单击"开始"菜单，执行"所有程序"→"广联达新驱动"命令，如图 10-4 所示，双击打开。检测锁连接成功后单击"开始"菜单，执行"所有程序"→"广联达云计价平台 GCCP6.0"命令，如图 10-5 所示，双击可以启动广联达云计价平台 GCCP6.0。

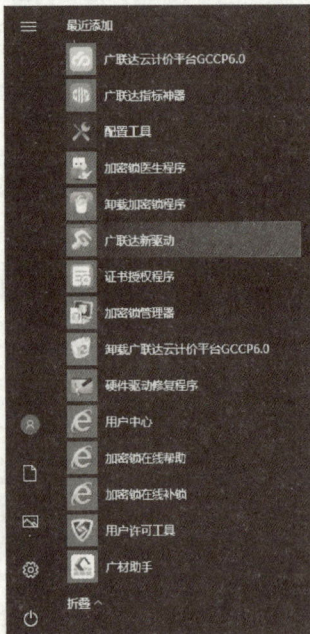

图 10-4　通过"开始"菜单打开　　　图 10-5　通过"开始"菜单打开
"广联达新驱动"　　　　　　　　"广联达云计价平台 GCCP6.0"

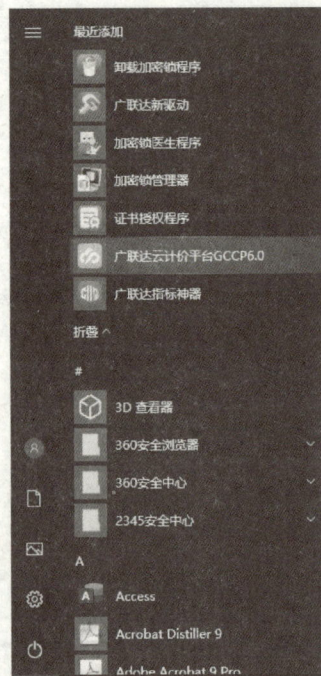

（3）目录文件启动。插上广联达计价网络锁或单机锁后，在"Windows 资源管理器"或"此电脑"中的广联达新驱动安装目录下双击"GSCServer.exe"文件，启动广联达新驱动，如图 10-6 所示，检测锁连接成功后在"Windows 资源管理器"或"此电脑"中的广联达云计价平台 GCCP6.0 安装目录下双击"GCCP664.exe"文件，启动广联达云计价平台GCCP6.0，如图 10-7 所示。

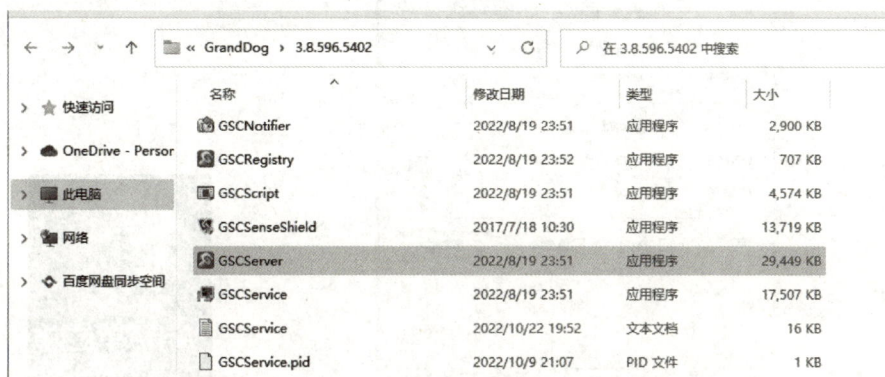

图 10-6 双击"GSCServer.exe"文件打开广联达新驱动

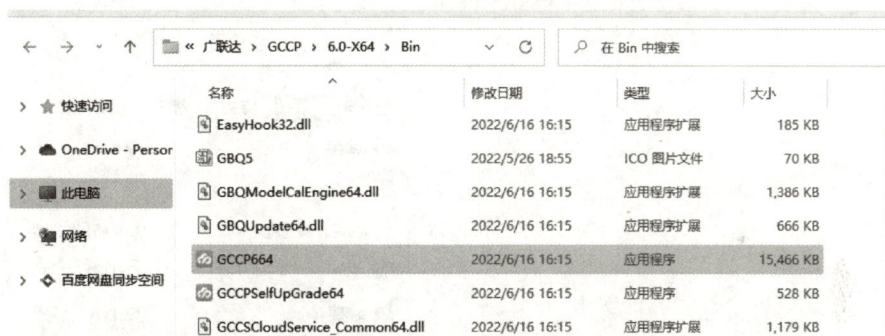

图 10-7 双击"GCCP664.exe"文件打开广联达云计价平台 GCCP6.0

（4）通过 GBQ 文件启动。插上广联达计价网络锁或单机锁后，双击使用广联达云计价平台 GCCP6.0 建立的后缀名为".GBQ6"的计价文件，如图 10-8 所示，文件图标如图 10-9 所示，启动广联达云计价平台 GCCP6.0 并打开该计价文件。

2. 广联达云计价平台 GCCP6.0 退出方法

（1）界面上按"×"退出。当广联达云计价平台 GCCP6.0 使用完成后，在工作界面标题栏右侧，单击"×"按钮关闭软件退出，如图 10-10 所示。

（2）"文件"菜单退出。当广联达云计价平台 GCCP6.0 使用完成后，在工作界面标题栏左侧执行"文件"→"退出"命令，如图 10-11 所示。

图 10-8　用后缀名为".GBQ6"的计价文件打开
广联达云计价平台 GCCP6.0

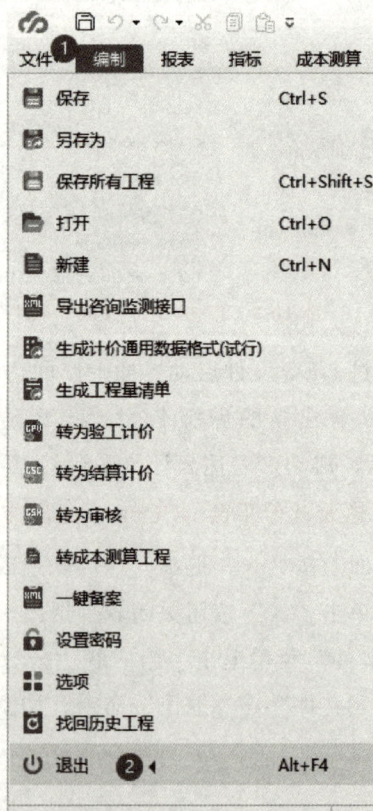

图 10-9　文件图标

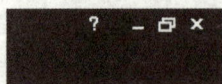

图 10-10　单击"×"按钮关闭软件

图 10-11　执行"文件"→"退出"命令关闭软件

（3）快捷键退出。当广联达云计价平台 GCCP6.0 使用完成后，按 Alt＋F4 快捷键，可以快速、安全退出软件。

（4）在退出广联达云计价平台 GCCP6.0 程序之前，系统首先会将各 ".GBQ6" 文件退出，如果有未保存的文件，广联达云计价平台 GCCP6.0 将弹出图 10-12 所示的对话框，单击对话框中的"是"按钮，弹出计价文件保存的对话框，在该对话框中用户可以设置所要保存的文件名称和路径，如图 10-13 所示，单击"保存"按钮，保存对计价文件的修改，并退出广联达云计价平台 GCCP6.0。若弹出图 10-12 所示的对话框，单击对话框中的"否"按钮，将放弃存盘并退出软件。若弹出图 10-12 所示的对话框，单击对话框中的"取消"按钮，将返回到原广联达云计价平台 GCCP6.0 工作界面，可继续编辑。

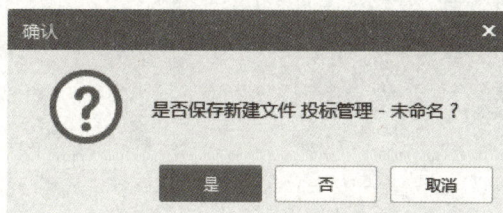

图 10-12　确认是否保存对话框

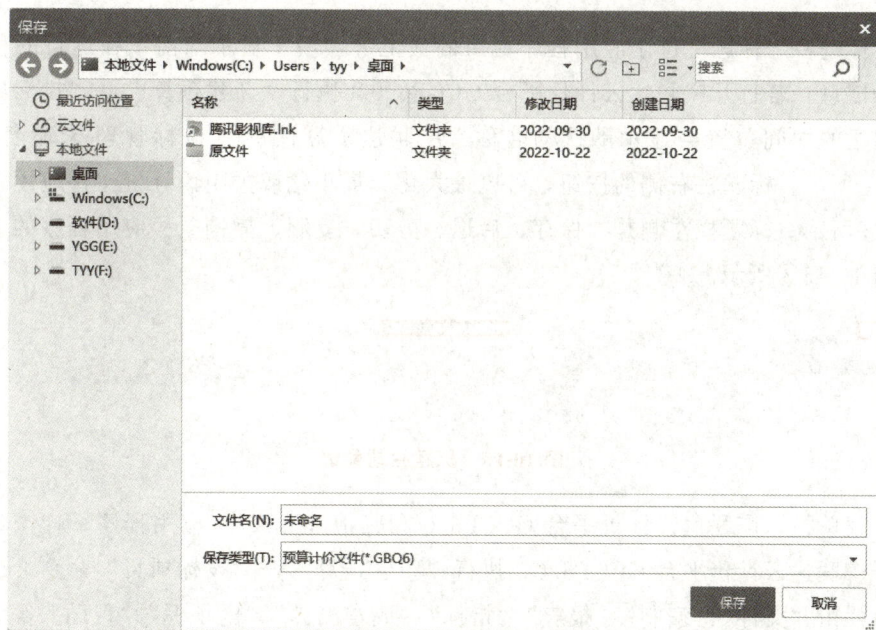

图 10-13　保存文件对话框

3. 广联达云计价平台 GCCP6.0 工作界面

广联达云计价平台 GCCP6.0 工作界面主要由标题栏、菜单栏、导航栏、编辑区、辅助栏等部分组成，如图 10-14 所示。

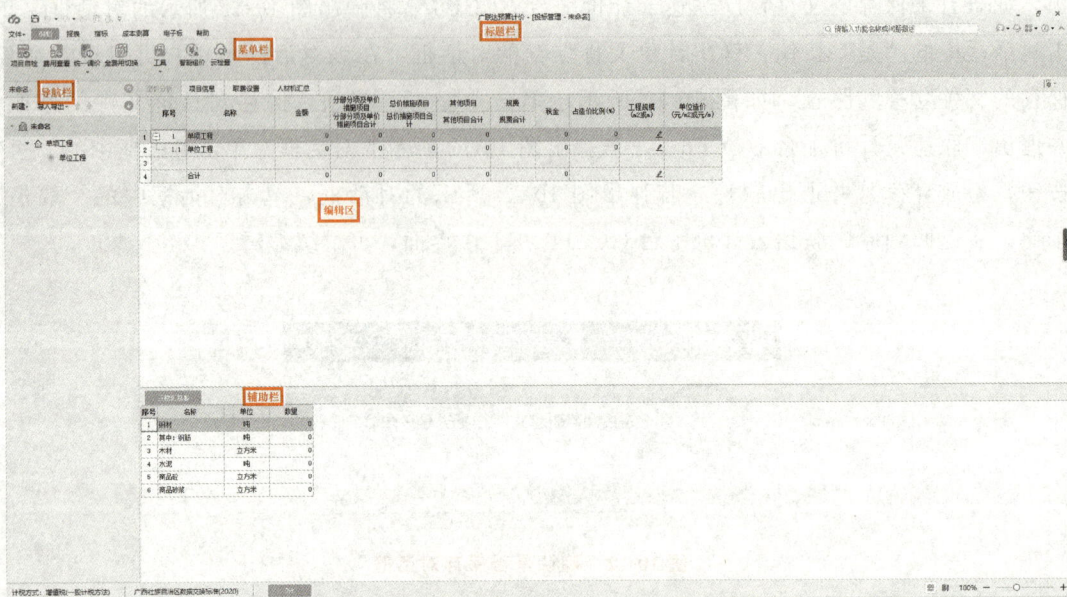

图 10-14　广联达云计价平台 GCCP6.0 工作界面

（1）标题栏。标题栏位于应用程序窗口的最上方，用于显示当前正在运行的程序名及文件名等信息。若打开广联达云计价平台 GCCP6.0，执行"新建预算"→"投标项目"命令，标题栏的中间位置会显示默认的名称"广联达预算计价-［投标管理-未命名］"，如图 10-15①所示。标题栏右侧的按钮，可以最大化、最小化或关闭该计价文件应用程序，如图 10-15②所示。标题栏左侧是"保存、后退、剪切、复制、撤销"等应用程序的工具小图标，如图 10-15③所示。

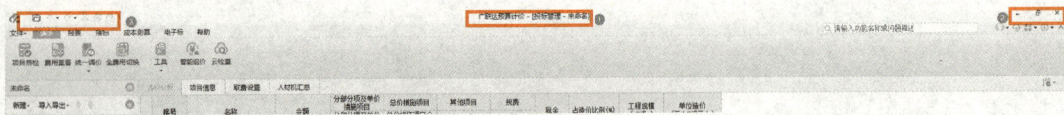

图 10-15　标题栏功能键

（2）菜单栏。广联达云计价平台 GCCP6.0 和其他 Windows 应用程序一样，具有菜单栏。打开广联达云计价平台 GCCP6.0，执行"新建预算"→"投标项目"命令，进入的页面的菜单栏由"文件""编制""报表""指标""成本测算""电子标""帮助"等组成，包括广联达云计价平台 GCCP6.0 中大部分功能和命令，如图 10-16 所示。

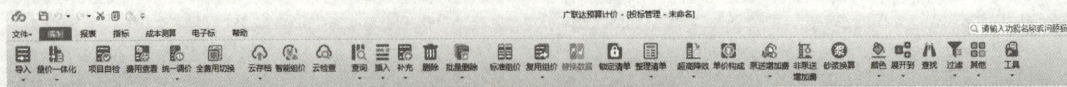

图 10-16　菜单栏功能键

（3）导航栏。打开广联达云计价平台 GCCP6.0，执行"新建预算"→"投标项目"命令，进入页面的左方为导航栏，导航栏具备新建单位工程、新建单项工程、导出单位工程等功能，如图 10-17 所示。

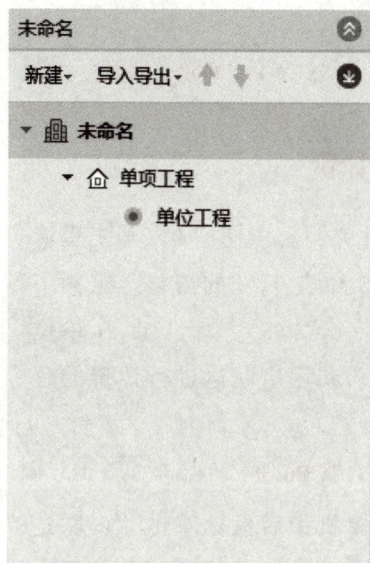

图 10-17　导航栏

（4）编辑区。单击导航栏新建的"单项工程"，在编辑区出现整个单项工程各单位工程的工程造价分析。单击导航栏新建的"单位工程"，在编辑区出现"造价分析""工程概况""取费设置""分部分项""措施项目""其他项目""人材机汇总""费用汇总""指标分析"等功能和命令，如图 10-18 所示。

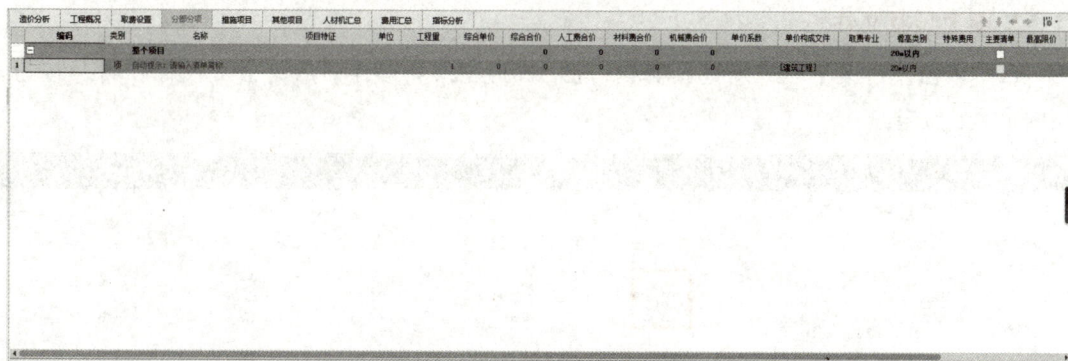

图 10-18　编辑区界面显示

（5）辅助栏。编辑区下方是辅助栏，主要辅助编辑区各计价条目的具体单价构成、定额的工料机显示、清单的特征及内容的编辑与输出等，如图 10-19 所示。

	工料机显示		单价构成	标准换算	换算信息	特征及内容	组价方案	工程量明细	反查图形工程量	说明信息				
	编码	类别	名称	规格及型号	单位	损耗率	含量	数量	除税基期价	除税市场价	含税市场价	税率(%)	是否暂估	锁定数量	是否计价	原始含量
1	00030…	人	人工费		元	0	936.54	9.3654	1	1.3	1.3	0			✔	936.54
2	110102001	材	装饰门	(成品)	m²	0	100	1	324.79	324.79	380	17			✔	100
3	341508001	材	其他材料费		元	0	464.256	4.6426	0.88	0.88	1	14.11			✔	464.256

图 10-19　辅助栏界面显示

10.2.2　计价软件实例计价

依据模块 3（清单计价文件编制）中任务 9（某工程清单工程量计算表），编制表 9-25 和表 9-26 的清单与定额工程量，采用广联达云计价平台 GCCP6.0，对 A 市 A 单位办公楼进行建筑装饰工程计价。利用广联达进行计价的程序如下。

1. 启动广联达云计价平台 GCCP6.0

插上广联达计价网络锁或单机锁后鼠标双击"广联达新驱动"，检测锁连接成功后鼠标双击"广联达云计价平台 GCCP6.0"，打开计价软件。

本小节实操 A 市 A 单位办公楼是从施工单位投标角度出发，根据投标图纸和编制依据，采用广联达云计价平台 GCCP6.0 进行投标预算的编制。具体的计价流程如图 10-20 所示。

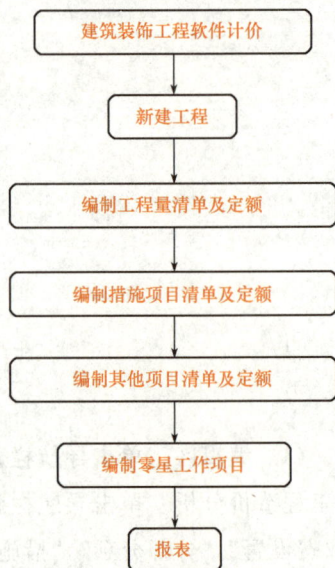

图 10-20　广联达的计价流程

2. 新建预算文件

（1）单击左边菜单栏"新建预算"，进入"新建预算"界面后单击"投标项目"按钮，如图 10-21 所示。

图 10-21　新建预算文件

注：如果为建设单位编制预算，则新建预算文件应选择"招标项目"。

（2）依据工程所在地、项目名称、施工时间、计税方式、取费方式等在"投标项目"进行选择和输入，单击"立即新建"按钮，如图 10-22 所示，弹出"关于在工程造价成果文件中统一单位工程类别划分的通知"对话框。

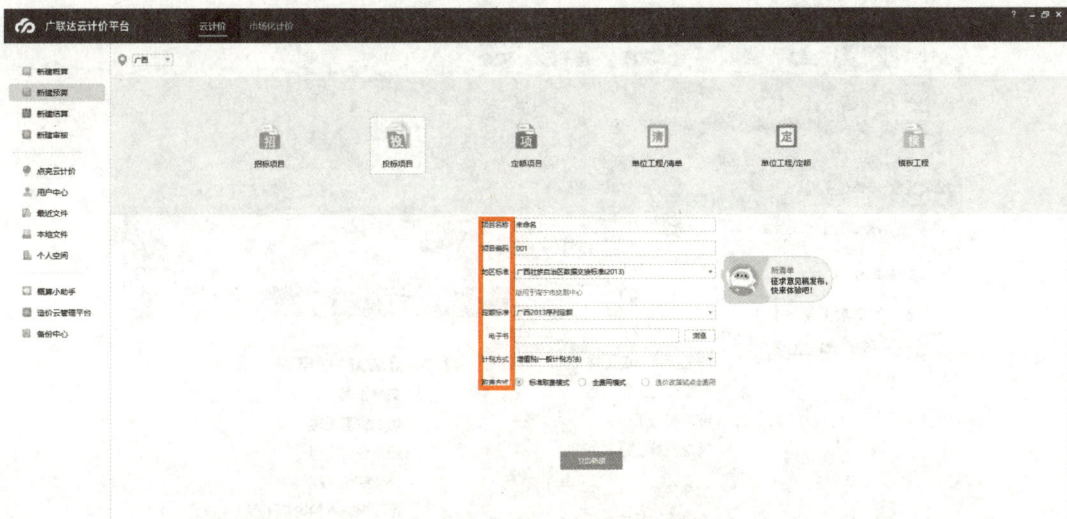

图 10-22　输入文件名称及选择取费

注：依据项目建设所在地修改"地区标准"和"定额标准"。

（3）在弹出的"关于在工程造价成果文件中统一单位工程类别划分的通知"对话框中（图 10-23），单击"接受"按钮可直接进入"计价编制界面"。

3. 新建建筑装饰装修工程

进入广联达预算计价界面，执行"单位工程"→"快速新建单位工程"→"建筑装饰装修工程"命令，如图 10-24 所示。立即新建名为"广联达预算计价-［投标管理-未命名］"的建筑装饰装修工程，并进入分部分项计价界面，如图 10-25 所示。

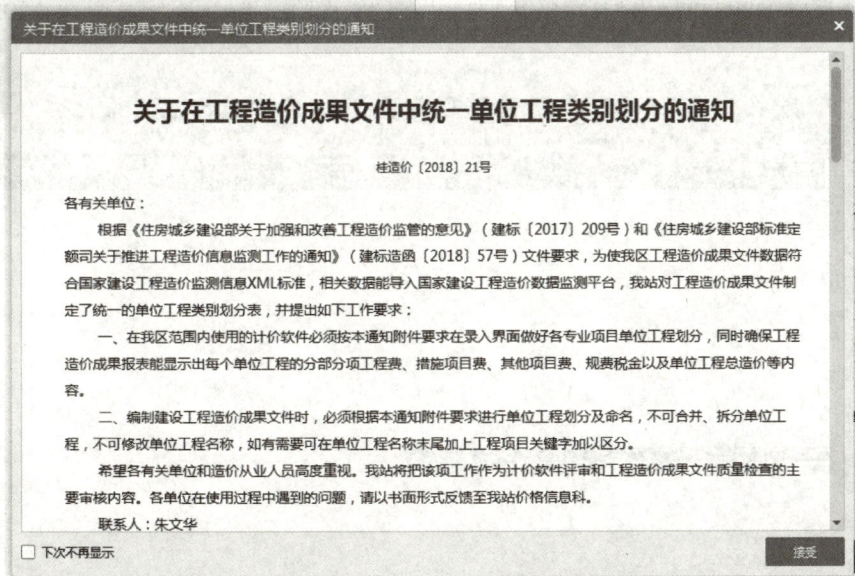

图 10-23　"关于在工程造价成果文件中统一单位工程类别划分的通知"对话框

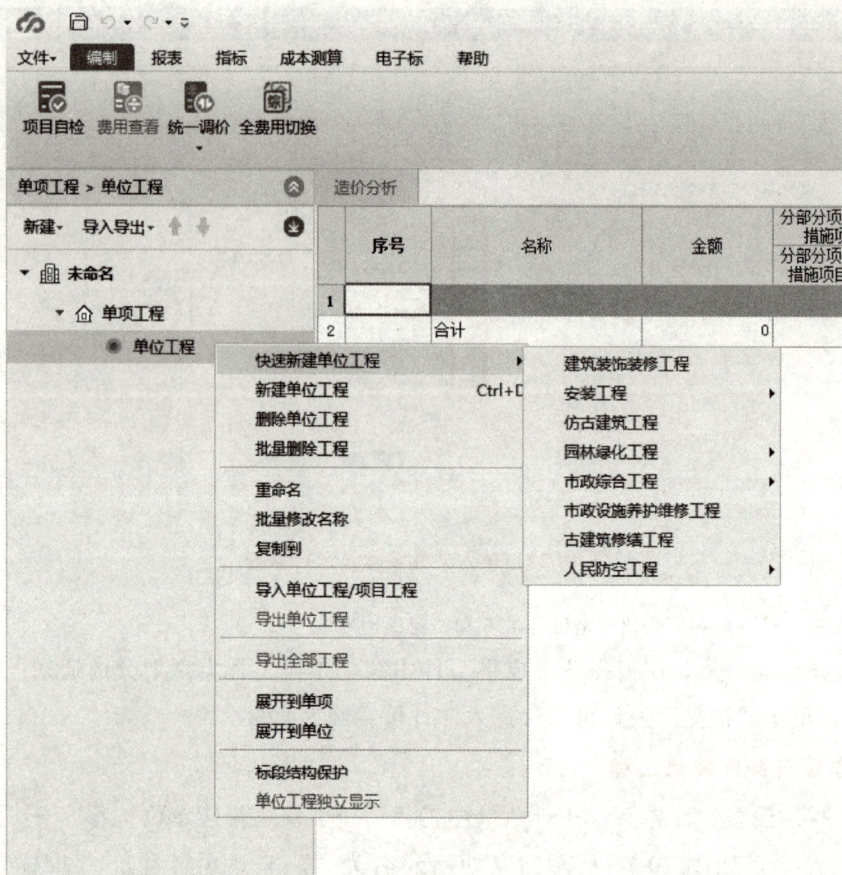

图 10-24　新建单位工程

注：单位工程按图标工程类别进行选择，本工程为建筑装饰装修工程，由此选择"建筑装饰装修工程"。

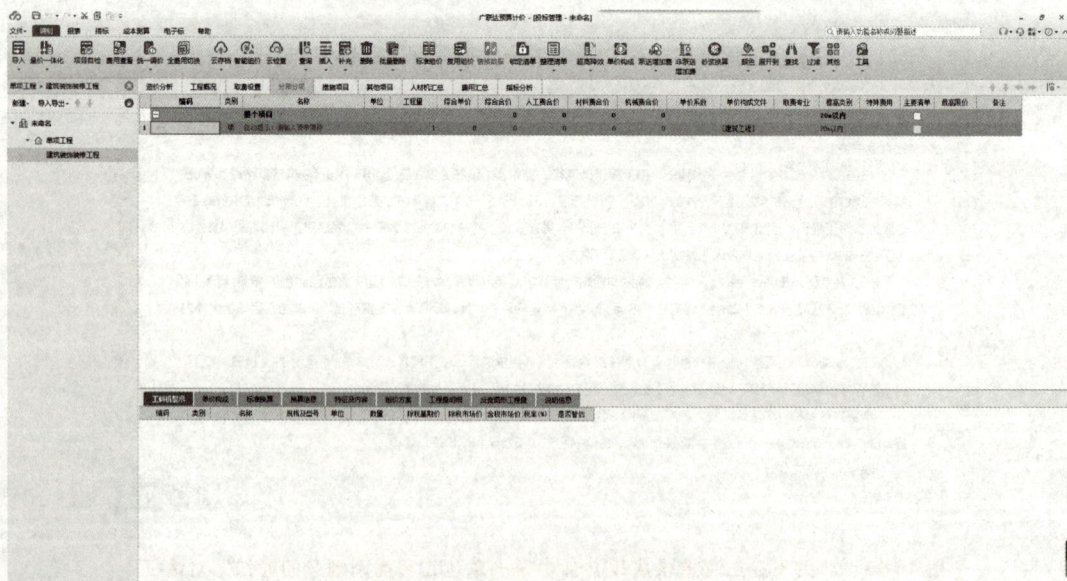

图 10-25　装饰装修工程整体界面

4. 输入分部分项清单编码

（1）通过各分部查找编制清单编码"010801001001"。双击"分部分项"菜单栏下"编码"编辑界面，弹出"查询"对话框，如图 10-26 所示，单击"建筑装饰装修工程"三角按钮，展开建筑装饰装修工程 16 个分部分项工程及 2 个措施项目，如图 10-27 所示。编号"010801001001"为门窗工程，单击"门窗工程"三角按钮，如图 10-28 所示，选择"木门"三角按钮，如图 10-29 所示，双击"010801001 木质门"，在"分部分项"编辑栏中出现编码"010801001001"，类别为"项"，名称为"木质门"，单位为" m^2 "，如图 10-30 所示。

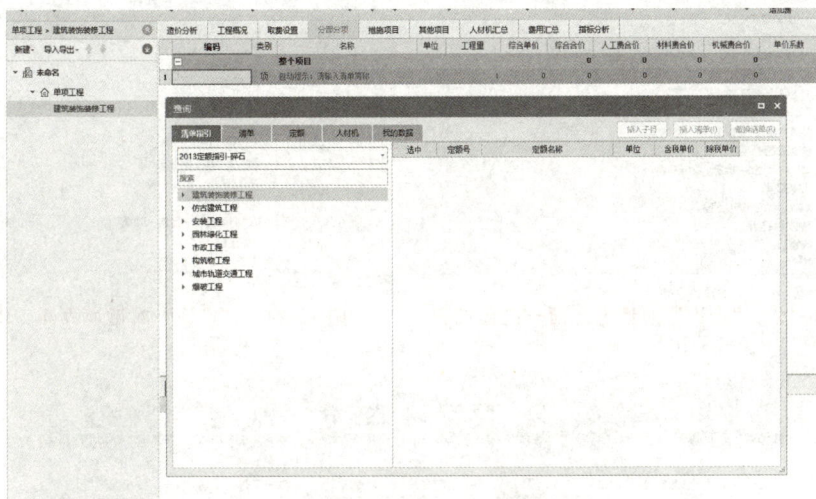

图 10-26 "查询"对话框界面

注：本工程为建筑装饰装修工程，由此编制清单时，在清单指引中选择"建筑装饰装修工程"内的清单编号。

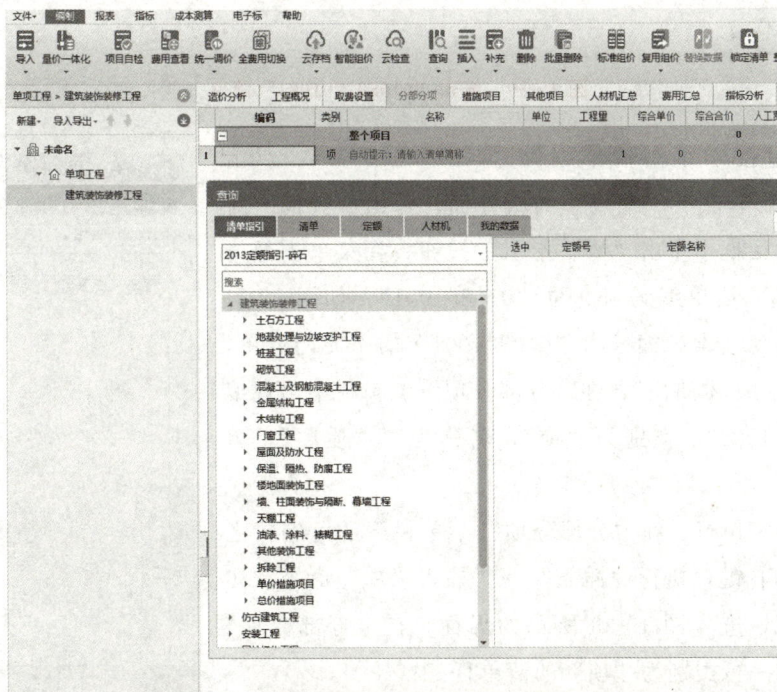

图 10-27 "查询"对话框界面－"建筑装饰装修工程"

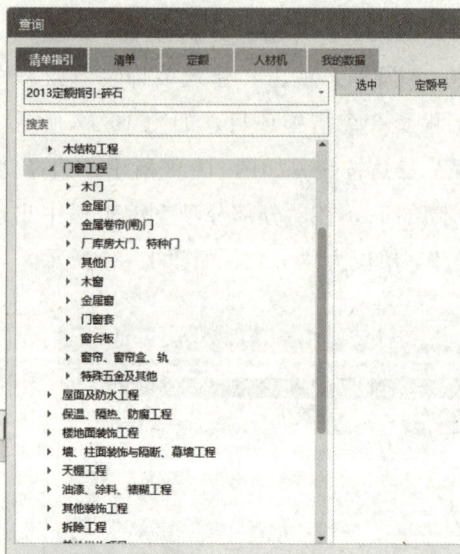

图 10-28　"查询"对话框界面—门窗工程　　　图 10-29　"查询"对话框界面—木质门

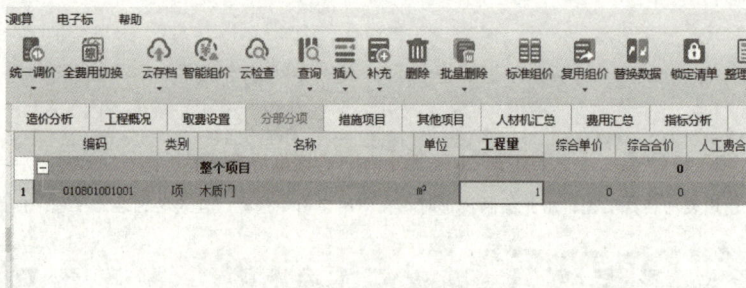

图 10-30　编辑"010801001001"清单

（2）通过搜索编制清单编码"010801001001"。双击"分部分项"菜单栏下"编码"编辑界面，弹出"查询"对话框，在该对话框中单击"清单指引"按钮，在菜单下部可以输入区域输入清单编码前 9 位"010801001"，如图 10-31 所示，软件自动搜索出编号为"010801001"的木质门清单，双击"010801001 木质门"，在"分部分项"编辑栏中出现编码"010801001001"，类别为"项"，名称为"木质门"，单位为"m^2"。

（3）新建清单行。在"分部分项"菜单栏下的可编辑区域，单击鼠标右键，执行"插入"→"插入清单"命令，如图 10-32 所示，进入图 10-33 所示的界面，在"分部分项"编制区域新增一行类别为"项"的清单行。

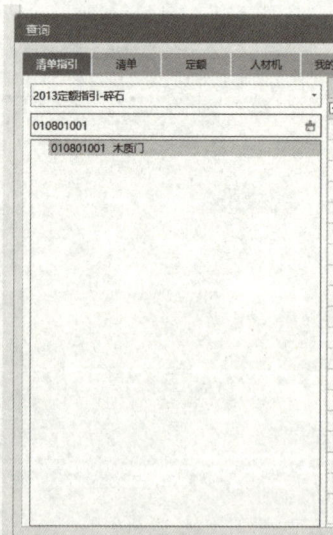

图 10-31　搜索 010801001 清单

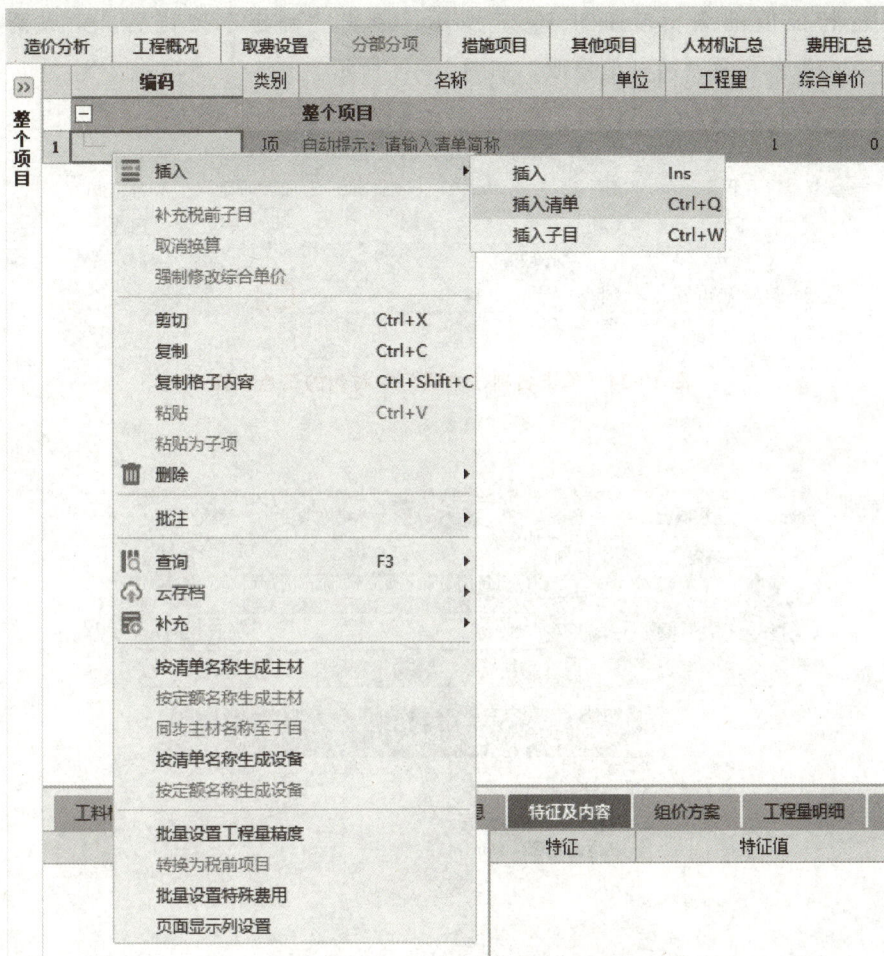

图 10-32　插入 010801001001 清单

图 10-33　新增清单（行）

5. 输入清单名称及特征值

本工程的清单名称及特征值在施工单位投标前，招标单位提供的施工图纸、编制依据、招标清单已给予明确，施工单位在计价软件中按要求进行补充。

（1）通过"名称"编辑清单特征。在编码为"010801001001"的清单行，单击"木质门"的右边的三点按钮，如图 10-34 所示，在弹出的"编辑"对话框中直接对该"木质门"清单项进行特征值的编辑，如图 10-35 所示，单击"确定"按钮后，完成清单编码"010801001001"的名称及特征值修改，如图 10-36 所示。

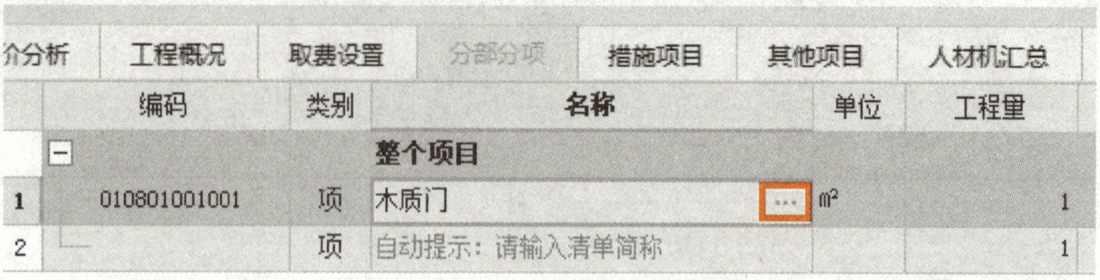

图 10-34　单击名称"木质门"右边的三点按钮

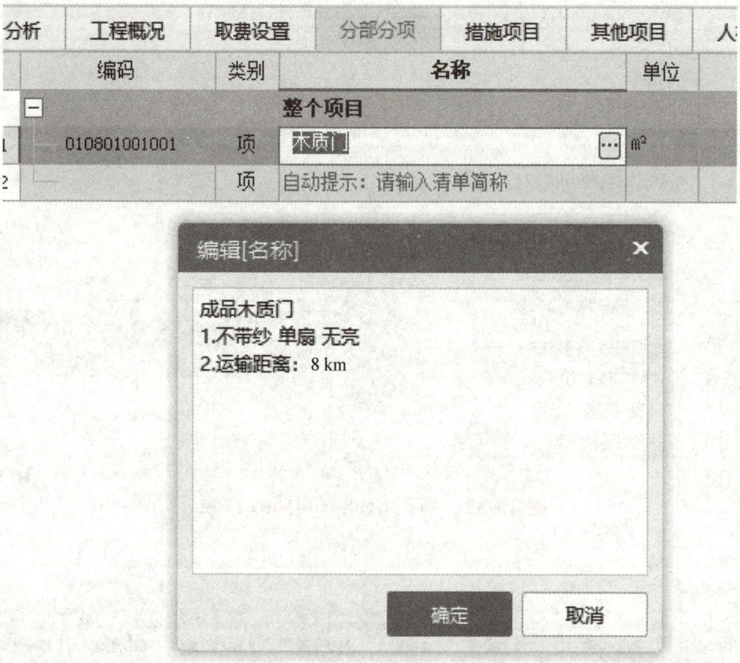

图 10-35　编辑清单名称及特征值

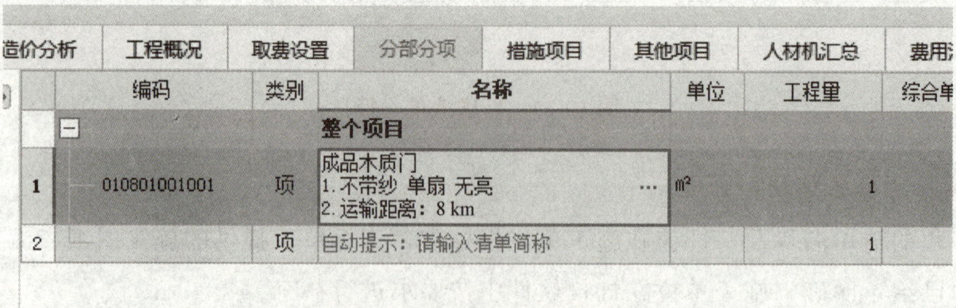

图 10-36　清单子目新增特征值

（2）通过辅助栏"特征及内容"输出清单特征。在编码为"010801001001"清单行，单击"木质门"，辅助栏出现"工料机显示""单价构成""标准换算""换算信息""特征及内容""组价方案""工程量明细""反查图形工程量""说明信息"等功能条，如图 10-37 所示，单击"特征及内容"，根据清单特征内容和特征值进行编辑与输出。若原软件特征内容不满足需求，可在"特征"列单击鼠标右键，单击"插入"按钮，如图 10-38 所示，在插入特征行进行编写及输出，如图 10-39 所示。

6. 输入措施项目清单编码

（1）通过各分部查找并编制清单编码"桂 011701003001"。在"措施项目"菜单栏下"编码"编辑界面中双击，弹出"查询"对话框，单击"清单指引"下的"建筑装饰装修工程"三角按钮，展开建筑装饰装修工程 16 个分部分项工程及 2 个措施项目，单击"单价措施项目"三角按钮，步骤如图 10-40 所示。单击"单价措施项目"三角按钮，然后单击"脚手架工程"三角按钮，选择"桂 011701003 外装修脚手架"，具体步骤如图 10-41 所示。双击"桂 011701003 外装修脚手架"，在"措施项目"编辑栏中出现编码"桂011701003001"，名称为"外装修脚手架"，单位为"m²"，如图 10-42 所示。

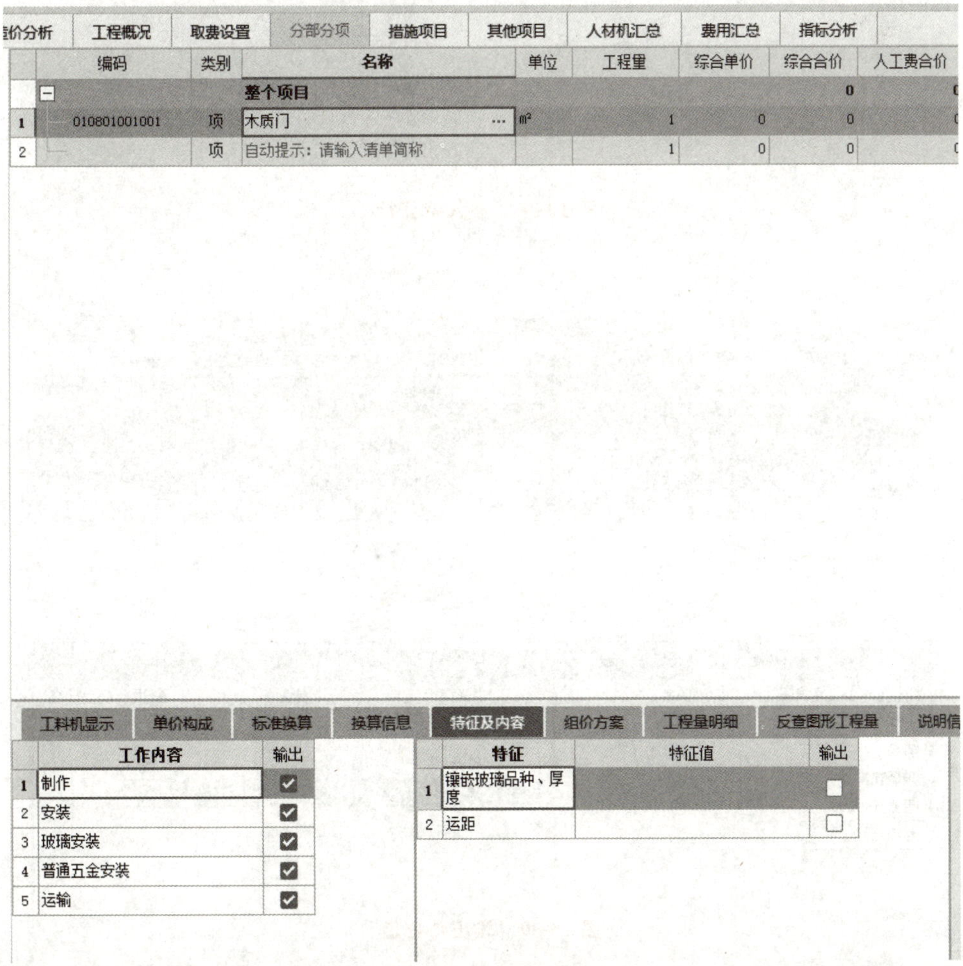

	价分析	工程概况	取费设置	分部分项	措施项目	其他项目	人材机汇总	费用汇总	指标分析
	编码	类别		名称	单位	工程里	综合单价	综合合价	人工费合价
	⊟			整个项目				0	0
1	010801001001	项	木质门	...	m²	1	0	0	0
2		项	自动提示：请输入清单简称			1	0	0	0

| 工料机显示 | 单价构成 | 标准换算 | 换算信息 | 特征及内容 | 组价方案 | 工程量明细 | 反查图形工程量 | 说明信息 |

	工作内容	输出			特征	特征值	输出
1	制作	☑		1	镶嵌玻璃品种、厚度		☐
2	安装	☑		2	运距		☐
3	玻璃安装	☑					
4	普通五金安装	☑					
5	运输	☑					

图 10-37 辅助栏

	编码	类别	名称	单位	工程量	综合单价	综合合价	人工费合价
	-		整个项目				0	
1	010801001001	项	木质门 ...	m²	1	0	0	
2		项	自动提示：请输入清单简称		1	0	0	

工料机显示	单价构成	标准换算	换算信息	特征及内容	组价方案	工程量明细	反查图形工程量	说明

	工作内容	输出
1	制作	☑
2	安装	☑
3	玻璃安装	☑
4	普通五金安装	☑
5	运输	☑

	特征	特征值	输出
1	镶嵌玻璃品种、厚度		☐
2	运距		☐

插入	
剪切	Ctrl+X
复制	Ctrl+C
复制格子内容	Ctrl+Shift+C
粘贴	Ctrl+V
🗑 删除	Del
上移	
下移	

图 10-38　插入特征行

价分析	工程概况	取费设置	分部分项	措施项目	其他项目	人材机汇总	费用汇总	指标分析

	编码	类别	名称	单位	工程量	综合单价	综合合价	人工费合价
	-		整个项目				0	
1	010801001001	项	木质门 1.不带纱单扇无亮： 2.运距:8km ...	m²	1	0	0	
2		项	自动提示：请输入清单简称		1	0	0	

工料机显示	单价构成	标准换算	换算信息	特征及内容	组价方案	工程量明细	反查图形工程量	说明

	工作内容	输出
1	制作	☑
2	安装	☑
3	玻璃安装	☑
4	普通五金安装	☑
5	运输	☑

	特征	特征值	输出
1	镶嵌玻璃品种、厚度		☐
2	不带纱单扇无亮		☑
3	运距	8km	☑

图 10-39　输出特征值

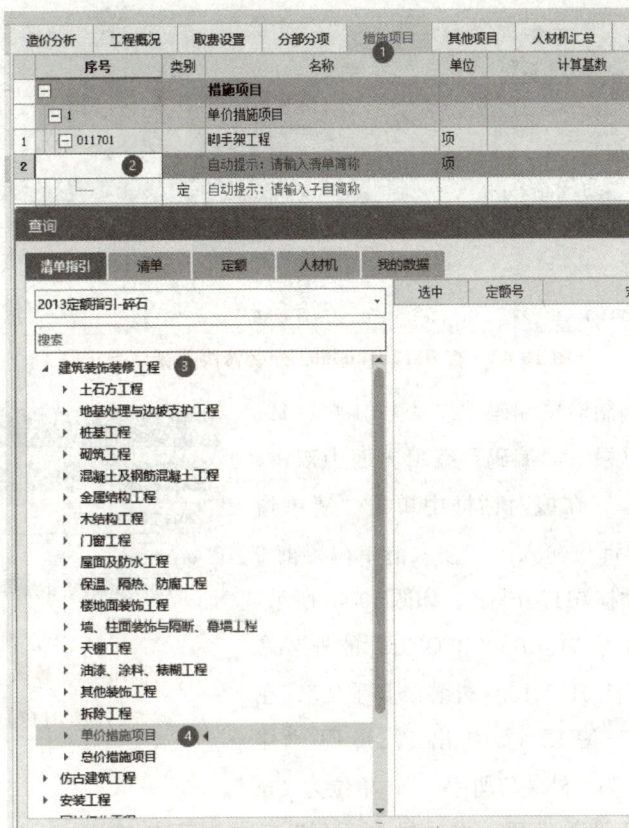

图 10-40 单价措施清单选择

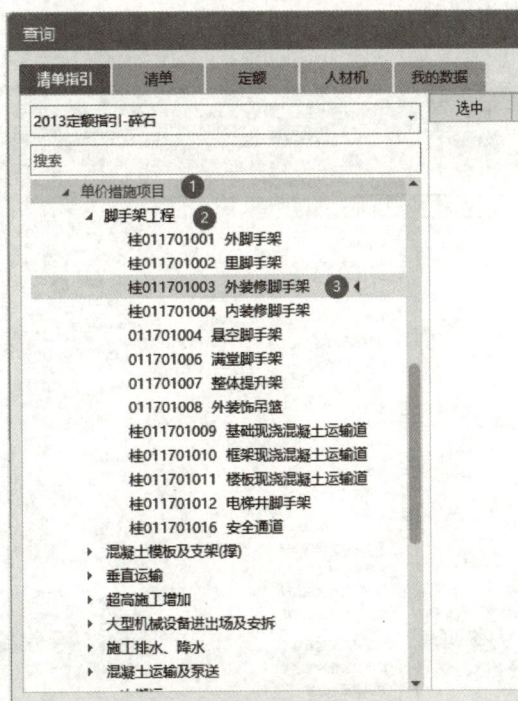

图 10-41 桂 011701003 外装修脚手架选择

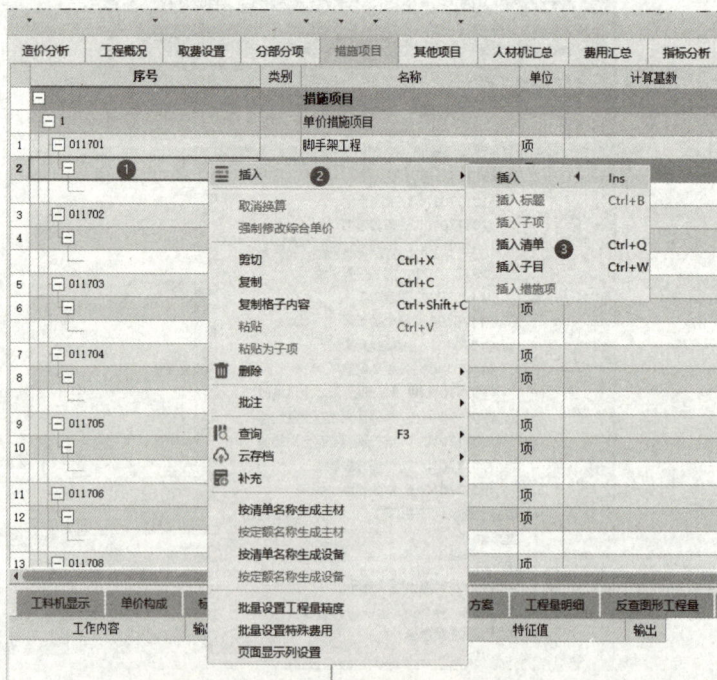

图 10-42 桂 011701003001 外装修脚手架清单子目

（2）通过搜索编制清单编码"桂 011701003001"。在"措施项目"菜单栏下"编码"编辑界面中双击，弹出"查询"对话框，在该对话框中单击"清单指引"按钮，在菜单下部可输入区域输入清单编码前 9 位"011701003"或"桂 011701003"，如图 10-43 所示，软件自动搜索出编号为"桂 011701003001"的外装修脚手架清单，双击"桂 011701003 外装修脚手架"，在"单价措施项目"编辑栏中出现编码"桂 011701003001"，名称为"外装修脚手架"，单位为"m²"。

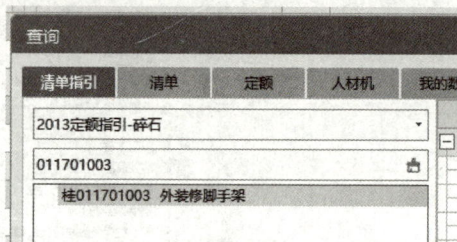

图 10-43 输入"011701003"
或"桂 011701003"搜索

（3）新建行输入清单编码。在"措施项目"菜单栏下各单位"项"下可编辑区域，单击鼠标右键执行"插入"→"插入清单"命令，如图 10-44 所示，即可在措施项目制订措施项目下新增一行，类别为"项"。

图 10-44 增加清单行

150

7. 输入定额及定额的换算

本工程定额编制依据为招标单位提供的图纸、招标文件。

（1）新建定额行。在所需"分部分项"或"措施项目"的清单行，单击鼠标右键，执行"插入"→"插入子目"命令，如图 10-45 所示，在清单编码下新增一行，类别为"定"，如图 10-46 所示。

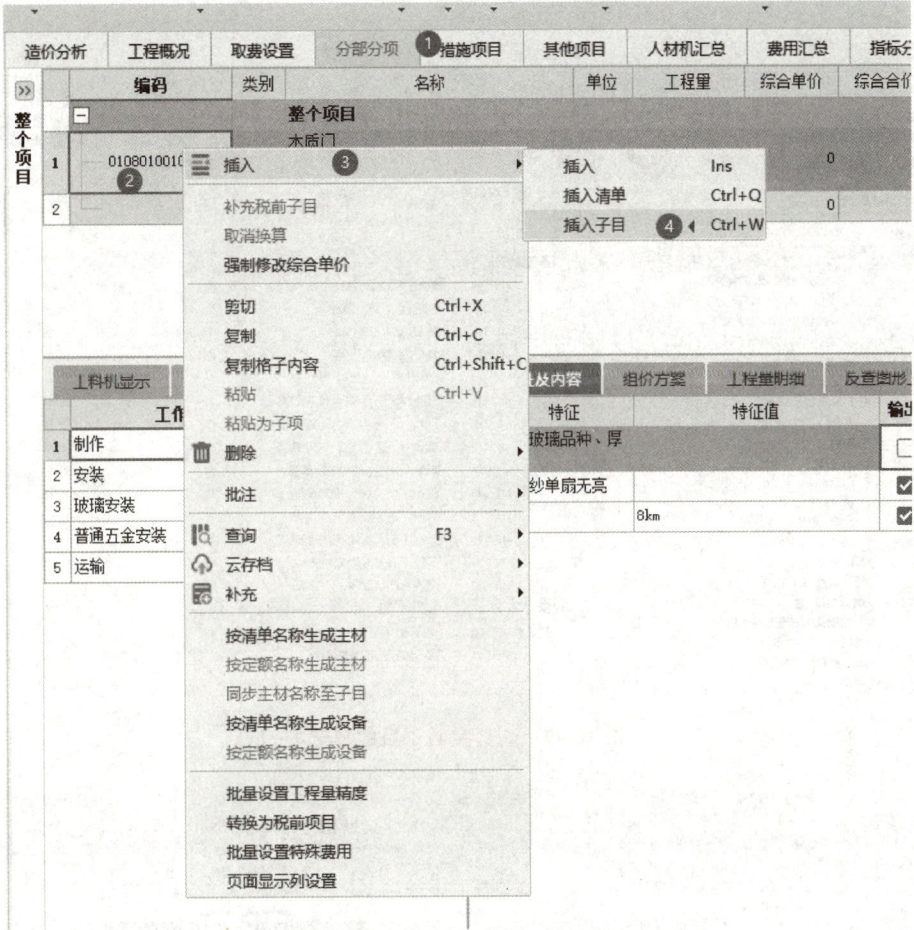

图 10-45　插入定额子目

图 10-46　清单下增加定额子目

（2）通过"查询"对话框一次性新增多条定额子目。在"分部分项"菜单栏下的"编码"编辑界面中双击"010801001001"编码，弹出"查询"对话框，系统自动索引

"010801001 木质门"清单有可能匹配的制作、安装、运输等定额，通过一次勾选清单所匹配的定额（"A12－28""A12－172""A12－168"）复选框，单击"插入子目"，如图10-47所示，软件自动在工作界面的清单"010801001001"行下部出现3行定额子目，如图10-48所示。

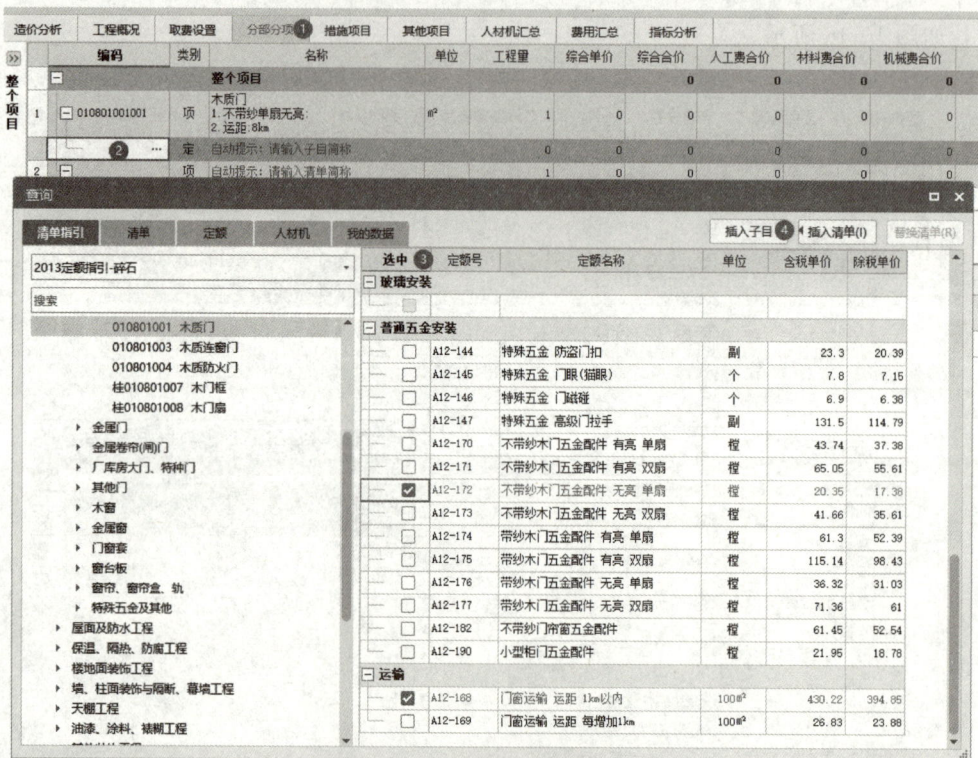

图 10-47　勾选定额子目的复选框

图 10-48　清单匹配定额

注：本工程招标单位提供的清单010801001001（木质门）中特征值明确木质门为不带纱、单扇、无亮，运距在8 km以内，由此可套A12－28、A12－172、A12－168相应施工定额，包含木质门成品门价格、运输价格和安装价格。

（3）通过"查询"对话框逐条编制定额子目。在"分部分项"菜单栏下的"编码"编辑界面中双击"010801001001"编码，弹出"查询"对话框，系统自动索引"010801001 木质门"清单有可能匹配的制作、安装、运输等定额，双击清单所匹配的定额子目名称，软件在清单下自动生成定额子目。

（4）通过查询对话框搜索编制定额子目。在"分部分项"菜单栏下的"编码"编辑界面中双击"010801001001"编码，弹出"查询"对话框，在该对话框中单击"定额"按钮，在菜单下部可输入区域输入定额编码，如"A12－28"，软件自动搜索出定额编号为"A12－28装饰成品门　安装"子目，双击该定额子目，如图10-49所示。在"分部分项"清单编码"010801001001"下出现"A12－28"的定额。

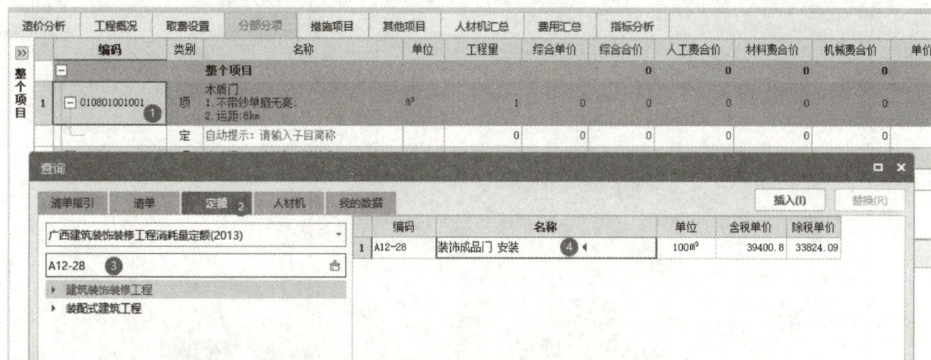

图 10-49　搜索定额子目

（5）定额换算。针对清单编码"010801001001"匹配的三个定额"A12－28""A12－172""A12－168"，在双击定额后，无须换算的定额，系统自动将定额输入至清单下一行。需要换算的定额，系统会弹出所需换算的对话框，可依工程量清单特征值对对话框内容进行修改。"A12－168"门窗运输运距的换算如图10-50所示，"A12－28"装饰成品门安装的换算如图10-51所示，按清单特征值进行修改后单击"确定"按钮，有换算的定额子目，定额子目类别为"换"。

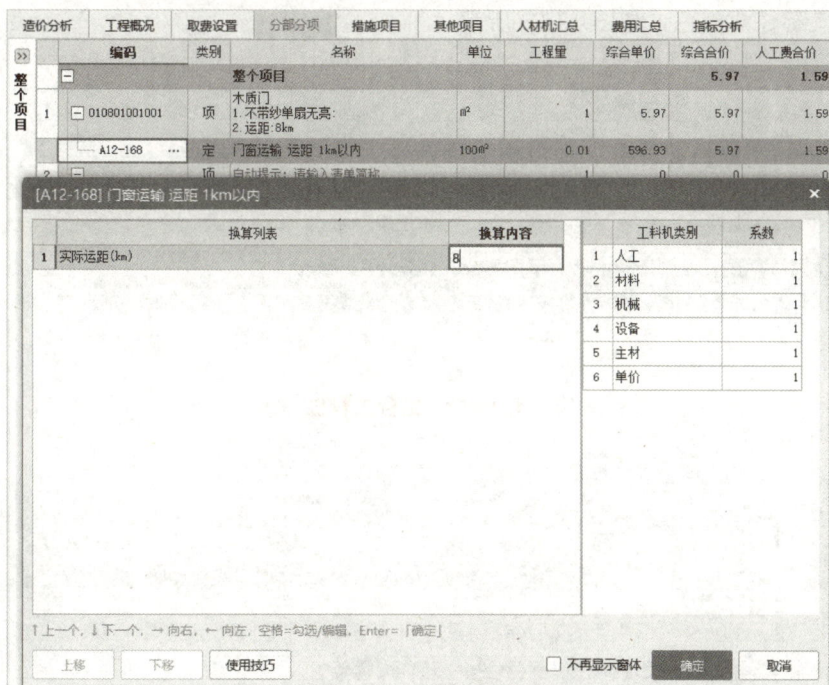

图 10-50　运距定额换算

注：本工程招标单位提供的清单 010801001001（木质门）中特征值明确木质门为不带纱、单扇、无亮，运距在 8 km 以内，由此 A12－168（门窗运输 运距 1 km 以内）运距定额需要按清单特征值进行相应换算。

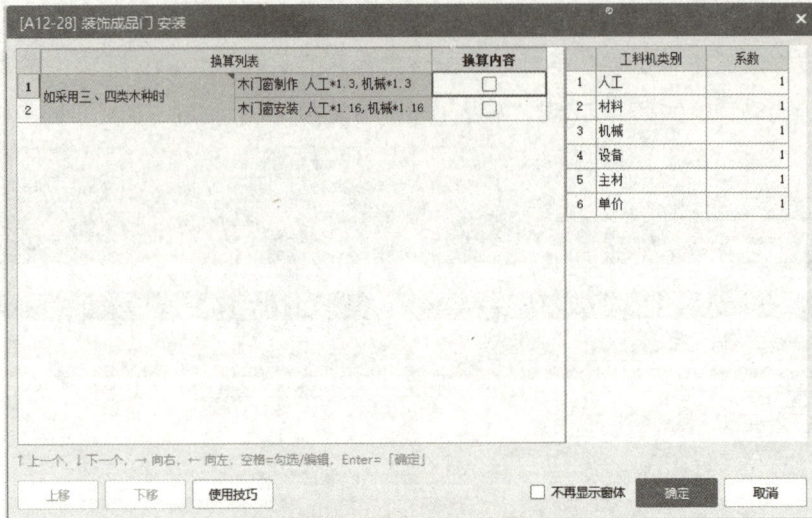

图 10-51 成品门安装定额木材换算

（6）定额含量。清单项套入定额后可自行计价。木质门清单编码为"010801001001"，套入定额后系统会自行组价，可从"分部分项"编辑区看到"综合单价""人工费合价""材料费合价""机械费合价""单价构成文件"等。在各清单子目或各定额子目下方的辅助栏"工料机显示""单价构成"中显示工料机及单价构成，如图 10-52 所示。若定额子目类别为"换"，则该定额"工料机显示"中工料机含量与该定额子目原始含量不同，系统会将"含量"自动标注成红色，如图 10-53 所示。

图 10-52 定额工料机

图 10-53 换算定额含量不同

（7）"分部分项"定额的编制与"措施项目"定额编制方法相同，在"查询"对话框搜索"措施项目"清单及定额。措施项目清单"011701003001"为"外装修脚手架"，属于"装饰装修"工程，需在"取费专业""单价构成文件"中手动修改为"装饰装修"，如图 10-54 所示。

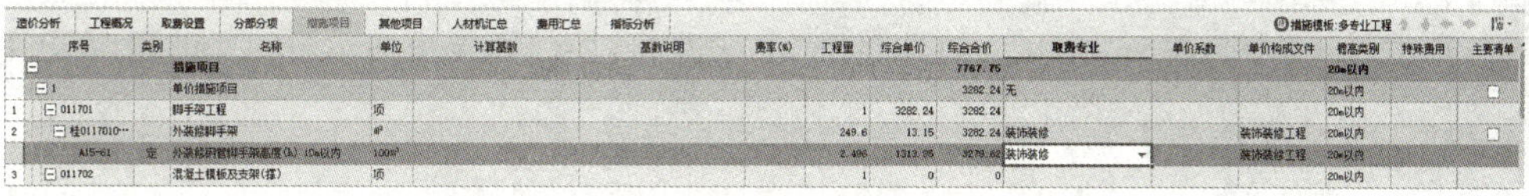

图 10-54　取费及单价构成文件的选择

注：本工程为建筑装饰装修工程，由此取费专业选择"装饰装修"。

8. 其他项目

招标文件"（2）建筑依据及一般说明"中第五条"5）暂列金额为 5000 元。"单击"其他项目"按钮，单击"暂列金额"按钮，进入"暂列金额"编辑界面中进行编制，如图 10-55 所示。

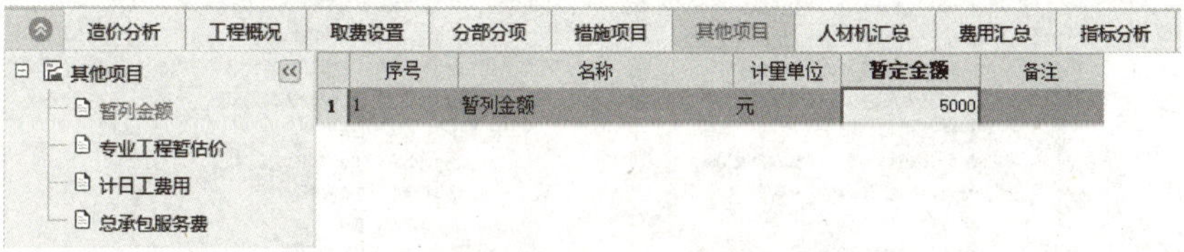

图 10-55　暂列金额输入

注：A 市 A 单位办公楼明确有暂列金额的，在施工投标过程中需在其他项目中进行编制。

9. 编制清单、定额文件

依据 A 市 A 单位办公楼工程量计量表 9-25 和表 9-26 的清单、定额工程量，招标工程编制文件，采用广联达云计价平台 GCCP6.0 进行清单、定额的输入与计算，如图 10-56 所示。

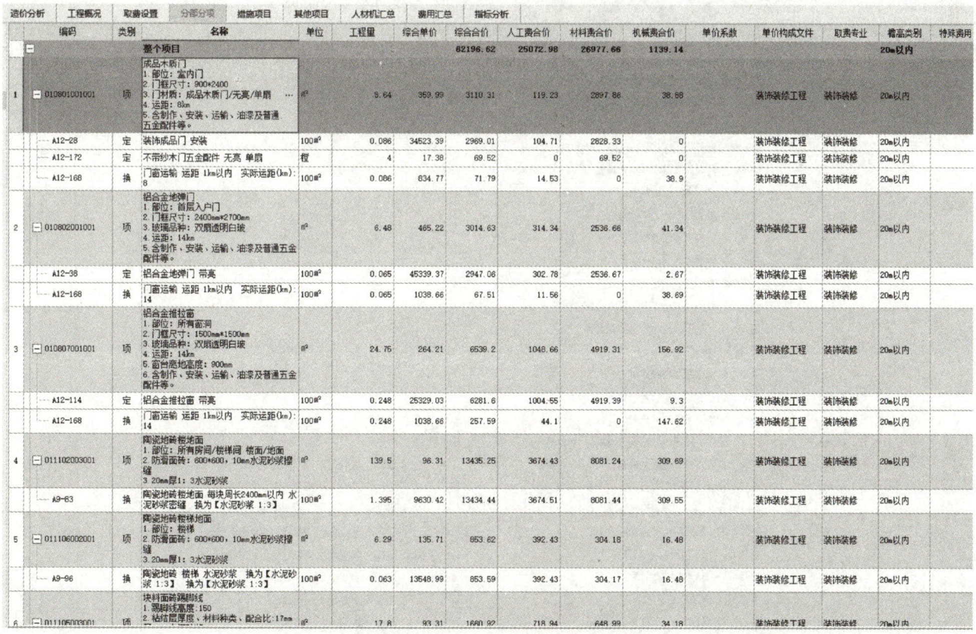

图 10-56　编辑界面

10. 报表的生成、导出和打印

编辑完分部分项及措施项目的清单、定额后，确定工程取费，软件自动生成报表。单击"报表"按钮，按需对"工程量清单""投标方""招标控制价""其他"等选项下的具体报表进行勾选，如图10-57所示。勾选的报表可进行"批量导出 Excel""批量导出 PDF""批量打印"等，如图10-58所示。

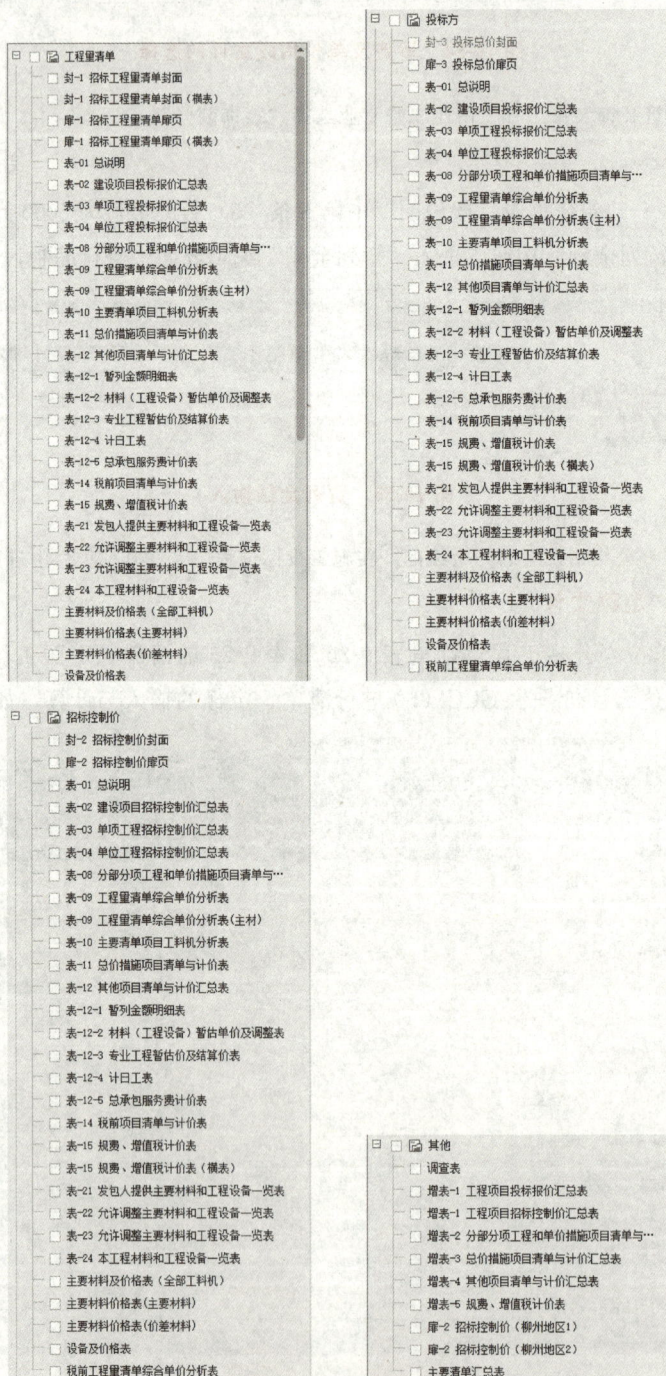

工程量清单
- 封-1 招标工程量清单封面
- 封-1 招标工程量清单封面（横表）
- 扉-1 招标工程量清单扉页
- 扉-1 招标工程量清单扉页（横表）
- 表-01 总说明
- 表-02 建设项目投标报价汇总表
- 表-03 单项工程投标报价汇总表
- 表-04 单位工程投标报价汇总表
- 表-08 分部分项工程和单价措施项目清单与…
- 表-09 工程量清单综合单价分析表
- 表-09 工程量清单综合单价分析表（主材）
- 表-10 主要清单项目工料机分析表
- 表-11 总价措施项目清单与计价表
- 表-12 其他项目清单与计价汇总表
- 表-12-1 暂列金额明细表
- 表-12-2 材料（工程设备）暂估单价及调整表
- 表-12-3 专业工程暂估价及结算价表
- 表-12-4 计日工表
- 表-12-5 总承包服务费计价表
- 表-14 税前项目清单与计价表
- 表-15 规费、增值税计价表
- 表-21 发包人提供主要材料和工程设备一览表
- 表-22 允许调整主要材料和工程设备一览表
- 表-23 允许调整主要材料和工程设备一览表
- 表-24 本工程材料和工程设备一览表
- 主要材料及价格表（全部工料机）
- 主要材料价格表（主要材料）
- 主要材料价格表（价差材料）
- 设备及价格表

投标方
- 封-3 投标总价封面
- 扉-3 投标总价扉页
- 表-01 总说明
- 表-02 建设项目投标报价汇总表
- 表-03 单项工程投标报价汇总表
- 表-04 单位工程投标报价汇总表
- 表-08 分部分项工程和单价措施项目清单与…
- 表-09 工程量清单综合单价分析表
- 表-09 工程量清单综合单价分析表（主材）
- 表-10 主要清单项目工料机分析表
- 表-11 总价措施项目清单与计价表
- 表-12 其他项目清单与计价汇总表
- 表-12-1 暂列金额明细表
- 表-12-2 材料（工程设备）暂估单价及调整表
- 表-12-3 专业工程暂估价及结算价表
- 表-12-4 计日工表
- 表-12-5 总承包服务费计价表
- 表-14 税前项目清单与计价表
- 表-15 规费、增值税计价表
- 表-15 规费、增值税计价表（横表）
- 表-21 发包人提供主要材料和工程设备一览表
- 表-22 允许调整主要材料和工程设备一览表
- 表-23 允许调整主要材料和工程设备一览表
- 表-24 本工程材料和工程设备一览表
- 主要材料及价格表（全部工料机）
- 主要材料价格表（主要材料）
- 主要材料价格表（价差材料）
- 设备及价格表
- 税前工程量清单综合单价分析表

招标控制价
- 封-2 招标控制价封面
- 扉-2 招标控制价扉页
- 表-01 总说明
- 表-02 建设项目招标控制价汇总表
- 表-03 单项工程招标控制价汇总表
- 表-04 单位工程招标控制价汇总表
- 表-08 分部分项工程和单价措施项目清单与…
- 表-09 工程量清单综合单价分析表
- 表-09 工程量清单综合单价分析表（主材）
- 表-10 主要清单项目工料机分析表
- 表-11 总价措施项目清单与计价表
- 表-12 其他项目清单与计价汇总表
- 表-12-1 暂列金额明细表
- 表-12-2 材料（工程设备）暂估单价及调整表
- 表-12-3 专业工程暂估价及结算价表
- 表-12-4 计日工表
- 表-12-5 总承包服务费计价表
- 表-14 税前项目清单与计价表
- 表-15 规费、增值税计价表
- 表-15 规费、增值税计价表（横表）
- 表-21 发包人提供主要材料和工程设备一览表
- 表-22 允许调整主要材料和工程设备一览表
- 表-23 允许调整主要材料和工程设备一览表
- 表-24 本工程材料和工程设备一览表
- 主要材料及价格表（全部工料机）
- 主要材料价格表（主要材料）
- 主要材料价格表（价差材料）
- 设备及价格表
- 税前工程量清单综合单价分析表

其他
- 调查表
- 增表-1 工程项目投标报价汇总表
- 增表-1 工程项目招标控制价汇总表
- 增表-2 分部分项和单价措施项目清单与…
- 增表-3 总价措施项目清单与计价汇总表
- 增表-4 其他项目清单与计价汇总表
- 增表-5 规费、增值税计价表
- 扉-2 招标控制价（柳州地区1）
- 扉-2 招标控制价（柳州地区2）
- 主要清单汇总表

图 10-57　报表的选择

156

图 10-58　报表的导出或打印

11. 导出 A 市 A 单位办公楼投标预算报表

A 市 A 单位办公楼清单、定额编制无误后，执行"报表"→"□投标方"→"批量导出 PDF"命令，如图 10-59 所示。弹出"批量导出 PDF"对话框，审核确认无误后，单击"导出选中报表"按钮，如图 10-60 所示，按勾选顺序导出 PDF 文件。

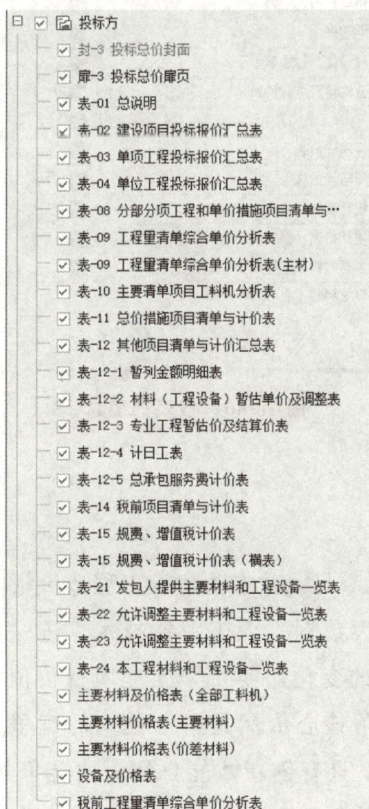

图 10-59　报表的勾选图

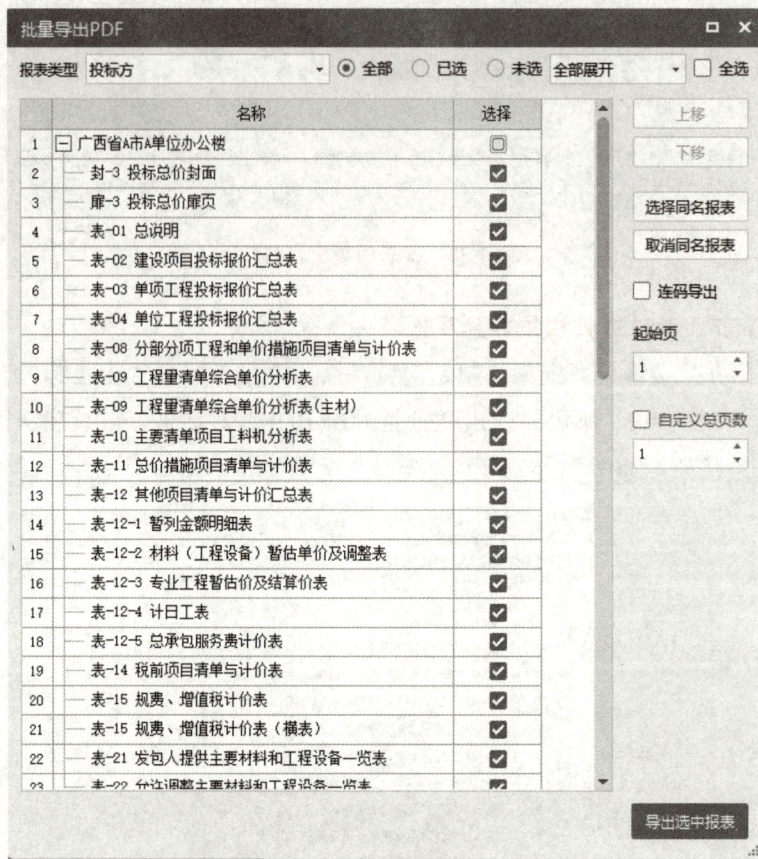

图 10-60 报表的确认

思政小课堂

广联达云计价平台 GCCP6.0 是一款专为建设工程造价领域全价值链客户提供数字化转型解决方案的产品，利用云＋大数据＋人工智能技术，进一步提升计价软件的使用体验，通过新技术带来老业务新模式的变化，使每个工程项目价值更优。技术改变人们的生活，当下国家之间、企业之间的竞争核心依然是科学技术的竞争。正如习近平总书记 2021 年 4 月 27 日在广西考察时强调："只有创新才能自强、才能争先，要坚定不移走自主创新道路，把创新发展主动权牢牢掌握在自己手中"，大学生作为改革创新的生力军，一定要善于学习、勇于创新。

复习思考题

参照本任务的案例，利用计价软件完成本项目的装饰工程清单计价。

任务 11

装饰公司常规的计价方法

➡ **知识目标**

    1. 了解装饰公司常规计价模式。

    2. 了解装饰公司常规计价的程序。

➡ **能力目标**

    能够掌握装饰公司常规的计价流程。

➡ **素质目标**

    结合实际工程针对家装和小型的工装等非政府资金项目进行市场常规的计价学习，通过对本模块的学习，认识并掌握市面常见的装修方式、预算报价程序与方法，掌握通过图纸进行工程量计算与公司制定的预算模板表格填写，快速计算装修预算价。

11.1　装饰公司常规的计价模式

    装饰公司内的计价模式是针对家装和小型的工装等一系列非政府资金项目的工程进行计价的形式，这类工程项目的规模较小，所以，成本控制往往由业主本人进行承担，这类工程的造价表及计价模式往往会写得通俗易懂一些，方便业主本人进行阅读，即使业主没有任何的相关专业知识，也能够看懂并进行计算。

    进入装饰公司中洽谈的第一个问题除房屋的设计及相关的房屋问题外，最重要的莫过于确定装修的方式，目前市面上常见的装修方式有半包、全包、套餐三种。除这三种外，还有一种比较少见的方式即清包。而业主也会在确定了装修的模式后才会进行相关的预算报价，而报价上也会相应地进行增减相关的项目。

11.1.1　清包

    清包是指业主自行购买所有的材料，装饰公司只负责施工的一种承包方式。清包的自由度和业主的控制力度较大，自行选择所有的材料可以充分地体现自己的意愿，当然在辅材上的选择也较多，相对来说比较烦琐。需要投入的精力及时间成本较高，如果对材料不熟悉，则搭配及选择上较为麻烦。同时与装饰公司施工队伍的工作衔接不到位容易耽误工期，材料进场的时间和顺序也需要自行把控。所以，除非对整个施工流程及现场把控较为熟悉，一般没有业主会选择此选项。

11.1.2 半包

半包是介于清包和全包之间的一种方式，由装饰公司负责施工及辅料的采购，主料由业主自行采购。半包的形式比较常见，通常由业主自行购买主材，辅助建材则由装饰公司负责配给，一定程度上省时省事，同时，自己选择主要材料在品质和经济上能更好地自行把控。

11.1.3 全包

全包也称包工包料，所有的材料皆由装饰公司负责。全包相比以上两种方式责权清晰，同时省心省力。一旦装修出现问题，装饰公司的责任无法推脱。但是相对而言，如果价格材料不一一对照或装饰公司虚报价格，较难识别是否弄虚作假。

11.1.4 套餐

套餐是最近流行起来的一种装修模式。套餐基本上是按照平方米来进行计算费用的。例如，包含室内所有的墙砖、地砖、地板、橱柜、洁具、门套、门、吊顶等，而在套餐中要将装修主材说清楚，一平方米 688 元，这就是一种套餐。与我们的基础装修组合在一起，同时要计算材料费和人工费。最后计算的方式就是使用建筑面积乘以套餐的价格。这样就是我们所需要花费的装修的费用。

不同的公司拥有不同的计价模式，计价模式虽然不同，但是通常大同小异。就目前而言，市面上大多数公司采用半包、全包及套餐三种，清包因责权易产生纠纷，所以很少选用。

11.2 装饰公司计价程序

每个装饰公司都会有一份关于该公司的预算清单表，在编写预算时就会将相应的数据通过在施工图上测量得到的数据，填写至相应的板块中。

11.2.1 预算的编撰

编写预算前，一般由装饰公司的项目总监及设计师或预算员共同编撰一份预算清单参照表，此表设定相应的格式并按照一定的公式计算。公司中所有的工程项目预算清单都以此表格为准预算清单编制。预算清单表标头包括的内容有预算表名称、工程地址、工程的基本信息、预算内容等，见表 11-1。

表 11-1　预算表的内容

序号	项目名称	单位	工程量	单价/元	合价/元	主材说明及工艺备注
某家装装饰装修预算表						
工程名称：××××工程		工程地址：××××小区×××号楼××××户型				编号：001
客厅、餐厅工程						
1	入户门门套基层修正	m	5.20	20.00	104.00	杉木龙骨、木工板基层、人工修正
2	入户成品单面门套安装（主材）	m	5.20	150.00	780.00	人工、材料，14.5 mm厚大芯板框架，2.9 mm厚顶级饰面板，实木线条收口

　　预算根据预算内容的主体分划为两级：一级为空间，如客厅、餐厅、卧室、卫生间等；二级则是空间内所存在的项目，如地面铺贴、背景墙、吊顶等。同时，在编撰时需要参考以下几种因素：

　　（1）材料市场的价格；

　　（2）人工市场的价格；

　　（3）相关内容的施工工艺说明及相应材料的说明。

11.2.2　项目预算计算公式

　　根据材料、人工等设定相关公式：预算工程造价＝数量×材料单价＋数量×人工单价。

　　根据市场常规做法，材料及垃圾搬运费是分部分项工程费的 2％～5％，工程管理费取分部分项工程费的 5％～7％。

　　分部分项工程费＋工程管理费＋材料及垃圾搬运费＋其他费用（这里指完工保洁费）＝工程总造价，见表 11-2。编撰好预算清单模板之后就可以根据相关的设计图纸进行预算内容的编写。

表 11-2　工程总造价费用组成

序号	费用名称	费用/元	备注
1	分部分项工程费（A）合计	83 593.05	
2	工程管理费（B）（＝A×5％）	4 179.65	
3	材料及垃圾清搬运（C）（＝A×2％）	1 671.86	

序号	费用名称	费用/元	备注
4	完工保洁费	541.44	按建筑面积×8元收取完工保洁费
	工程总造价（＝A＋B＋C）	89 986.00	

注：项目材料、人工单价一般结合定额规范及市场物料、人工平均费用，由项目总监及公司负责人共同策定，定制好本公司的各类单项的定价清单表供本公司预算人员参照。其各项目单价以公司定价清单表为参照保证公司工程项目预算符合市场规范要求，以及保证公司合理利润。使用公司预算清单模板，根据效果图及施工图列举出相应的施工项目，将不适用的项目删除，保留实际施工的选项。如有未列出的选项，则应当进行增项处理，避免漏项。设定好相应项目之后就可以打开 CAD 对施工图纸进行测量

11.3　某家居装修卫生间、卧室、厨房、客厅、餐厅预算清单案例

11.3.1　某家装装修设计说明

本案例为某家居装修，户型为三房两厅一厨一卫，如图 11-1 所示，装修风格为现代简约风格，整体布局依据现有墙体做小部分的拆改及调整。装修材料如下：

（1）客厅、餐厅吊顶为简单轻钢龙骨结合木龙骨边吊。

（2）卫生间、厨房吊顶均为铝扣板吊顶。

（3）卧室顶面均为刮腻子刷乳胶漆。

（4）客厅、餐厅及卧室墙面均为刮腻子刷乳胶漆，无特殊造型设计。

（5）整体结构相对较为简约，无复杂工艺。

以下面的户型图中卫生间、主卧、厨房、客厅、餐厅为案例完成工程预算清单制作。

11.3.2　卫生间空间案例预算分析

首先要找到卫生间的结构使用材料及功能分区，如图 11-2 所示。

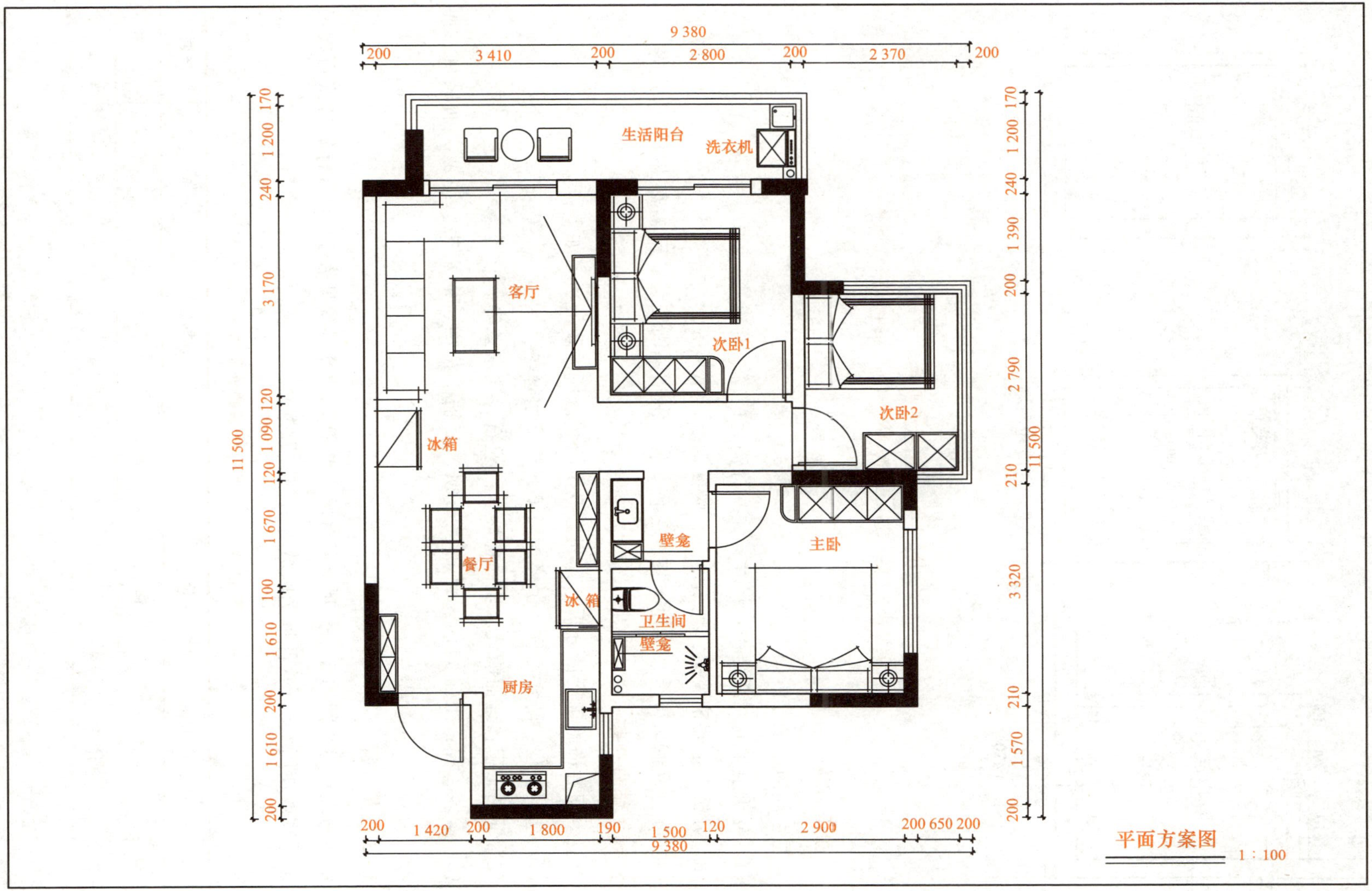

图 11-1 平面方案图

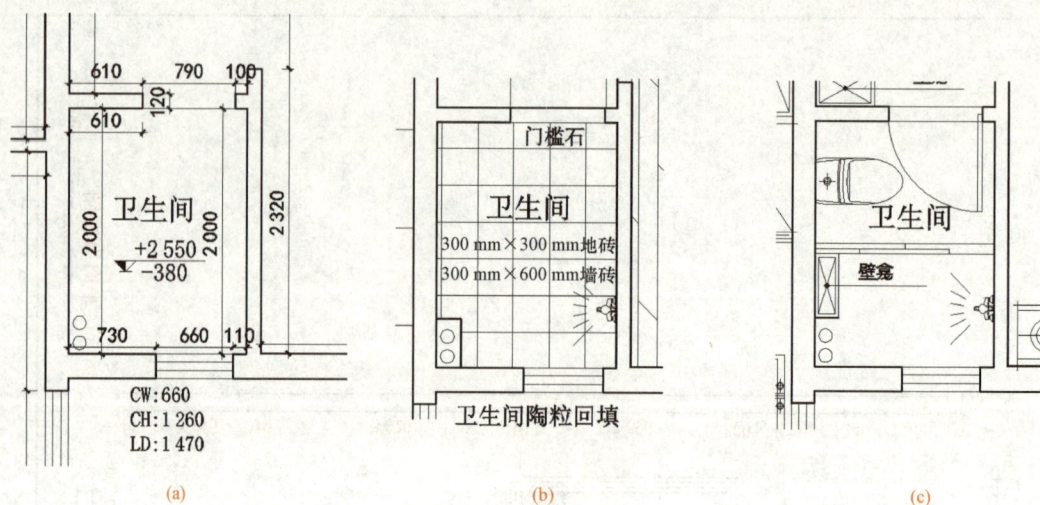

图 11-2　卫生间平面图

（a）卫生间结构尺寸图；（b）卫生间铺装图；（c）卫生间平面布置图

1. 图纸分析

对卫生间的图纸分析如下：

（1）分析卫生间图纸结构：尺寸标注、标高、门窗、管道等。

（2）分析卫生间铺装图：地面铺装、墙面铺装、吊顶等。

（3）分析卫生间布局：马桶安装、花洒安装、淋浴隔断安装、壁龛安装、包管道等。

2. 施工项目分析

对卫生间装饰施工项目分析，先列出卫生间装修所涉及的项目如下：

（1）基础工程：防水工程、沉降层回填、包下水管等。

（2）铺贴工程：地面铺装、墙面铺装、门槛石、挡水条等。

（3）安装工程：卫生间门、铝扣板吊顶、马桶、花洒、浴室柜、地漏、抽风机、照明等。

3. 工程量计算

依据图纸对卫生间的各个分项进行计算、核算，计算过程见表 11-3，（计算方式可按尺寸手工计算或使用 CAD 软件框选区域得出相应数据）。

表 11-3　卫生间各分项的计算表

序号	项目	单位	计算过程	结果
1	卫生间门	樘	1	1
2	门槛石	块	1	1

序号	项目	单位	计算过程	结果
3	防水处理	m²	1. 地面防水刷两遍：$1.5 \times 2 \times 2 = 6.00$ 2. 墙面防水做到 1.8 m：$(1.5+2) \times 2 \times (1.8+0.38) - 0.79 \times 1.8 - 0.66 \times (1.8+0.38-1.47) = 13.37$ 总防水处理：$6.00+13.37=19.37$	19.37
4	沉降回填	m²	$1.5 \times 2 = 3.00$	3.00
5	地砖铺贴	m²	$1.5 \times 2 = 3.00$	3.00
6	墙砖铺贴	m²	1. 卫生间周长×高：$(1.5+2) \times 2 \times 2.55 = 17.85$ 2. 门面积：$0.79 \times 2.1 = 1.66$ 3. 窗面积：$0.66 \times 1.26 = 0.83$ 墙面贴砖工程量：$17.85 - 1.66 - 0.83 = 15.36$	15.36
7	包下水管（双管）	m	2.5	2.50
8	地漏	个	2	2
9	挡水条	条	1	1
10	淋浴隔断	m²	$1.5 \times 2 = 3.00$	3.00
11	吊顶铝扣板	m²	$1.5 \times 2 = 3.00$	3.00
12	马桶	个	1	1
13	花洒	个	1	1
14	抽风机	个	1	1
15	照明模块	个	1	1

注：卫生间防水涂刷 1.8 m

4. 预算表填写

卫生间装修项目罗列完善及计算出项目单位数量后，相应数据填入公司制定的预算模板表格中，并参照公司的物料、人工单价输入表格的相应位置，调整公式计算出预算结果，见表 11-4。

表 11-4　卫生间工程项目预算表

精装房装饰预算表

工程名称：××××工程　　　　工程地址：××××小区×××号楼××××户型　　　　　编号：001

序号	项目名称	单位	工程量	单价/元	合价/元	主材说明及工艺备注
			卫生间工程项目			
1	卫生间钛合金门（主材）	樘	1	980	980.00	材质：0.9 mm厚钛合金，含人工安装及辅料
2	大理石门槛石铺贴	块	1	30	30.00	水泥、砂及人工，不足1 m按1 m计（大理石业主自购，宽度240 mm以内，超出宽度另算）
3	大理石门槛石（主材）	块	1	85	85.00	中国红大理石门槛石
4	防水处理（主材）	m²	19.37	50	968.50	柔性防水剂涂刷两遍，丙纶防水一遍，做闭水试验24 h；按地面全部、墙面返墙1 800 mm高
5	沉降层回填	m²	3	265	795.00	沉降层陶粒回填，压实、平整，1∶3水泥砂浆灌浇，找坡，按平方米计量，收浆拉毛处理，深度≤350 mm
6	300 mm×300 mm地砖铺贴人工	m²	3	38	114.00	清理基层，简单切割，正铺
7	300 mm×300 mm地砖铺贴辅料	m²	3	17	51.00	调制水泥砂浆，辅料42.5级水泥
8	300 mm×300 mm地砖（主材）	m²	3	85	255.00	陶瓷制品
9	300 mm×600 mm墙砖铺贴人工（含卫生间）	m²	15.36	38	583.68	清理基层，简单切割，正铺
10	300 mm×600 mm墙砖铺贴辅料（含卫生间）	m²	15.36	17	261.12	水泥（视楼盘情况而定）、砂子。（水泥砂浆厚度超过30 mm，厚度每增加10 mm，单价增加15元/m²）
11	300 mm×600 mm墙砖（主材）（含卫生间）	m²	15.36	85	1 305.6	陶瓷制品

序号	项目名称	单位	工程量	单价/元	合价/元	主材说明及工艺备注
12	包下水管（双管）	m	2.55	105	267.75	砂、砖、国标水泥，水泥砂浆砌及批荡。按单根 ϕ110 或 ϕ50 管计算（三面包人工费加 50 元/条）
13	隔声棉处理	根	2	80	160.00	隔声棉处理
14	铝扣板吊顶（主材）	m²	3	130	390.00	含人工安装、铝扣板、龙骨、边角线
15	淋浴隔断（主材）	m²	3	620	1 860.00	8 mm 淋浴隔断、不足 3 m² 按 3 m² 计算。包人工安装
16	挡水条	条	1	150	150.00	黑色人造基石及安装辅料
17	卫生间照明模块（主材）	套	1	350	350.00	风暖二合一，包含安装人工及辅料
18	地漏安装（主材）	个	2	30	60.00	材质：304 不锈钢，含安装人工及辅料
19	卫浴小五金	套	1	280	280.00	5 件套；马桶刷、厕纸盒、毛巾架、双杆、角架及安装
20	浴室柜及配件					多层板柜体，含镜子、台盆、三角阀、软管、下水器
21	龙头	套	1	3 650	3 650.00	不锈钢龙头，含安装人工及辅料
22	淋浴花洒					不锈钢镀铜铬花洒，含安装人工及辅料
23	马桶					含角阀及软管、安装人工及辅料
24	抽风机					成品安装及辅材
				小计	12 596.65	

11.3.3 主卧空间案例预算分析

主卧效果如图 11-3 所示。

图 11-3 主卧效果

主卧平面图如图 11-4 所示。

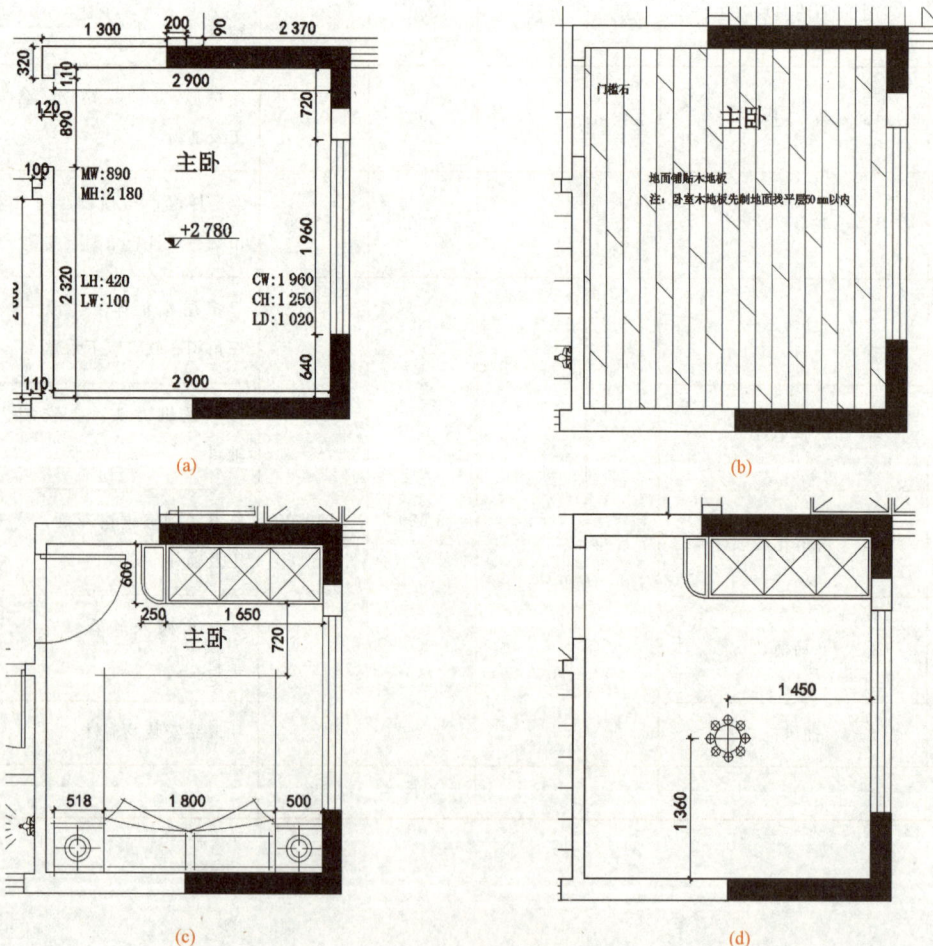

(a)

(b)

(c)

(d)

图 11-4 主卧平面图

(a) 主卧结构尺寸；(b) 主卧地面铺装图；(c) 主卧平面布置图；(d) 主卧吊顶图

1. 图纸分析

在对主卧空间进行预算前要先对图纸分析。

（1）分析主卧图纸结构：尺寸标注、标高、门窗、梁等。

（2）分析主卧空间铺装图：地面铺装、墙面粉刷、吊顶等。

（3）分析主卧布局：衣柜、床等。

2. 施工项目分析

对主卧空间装饰施工项目分析，先列出主卧装修所涉及的项目如下：

（1）基础工程：地面找平、刮腻子、刷乳胶漆等。

（2）铺贴工程：铺木地板、门槛石、窗台收边等。

（3）安装工程：房间门安装、衣柜安装、吸顶灯、窗帘等。

3. 工程量计算

依据图纸对主卧的各个分项进行计算、核算，计算过程见表11-5（计算方式可按尺寸手工计算或使用CAD软件框选区域得出相应数据）。

表11-5　主卧各分项的计算表

序号	项目	单位	计算过程	结果
1	房间门	樘	1	1
2	门槛石铺贴	块	1	1
3	地面找平	m^2	$2.9×(2.32+0.89+0.11)=9.63$	9.63
4	铺木地板	m^2	$2.9×(2.32+0.89+0.11)=9.63$	9.63
5	窗台收边	m	1.96	1.96
6	墙面、吊顶刮腻子	m^2	$(2.9+0.11+0.89+2.32)×2×2.78-0.89×$ $2.18-1.96×1.25+9.63=39.82$	39.82
7	墙面、吊顶刷乳胶漆	m^2	$(2.9+0.11+0.89+2.32)×2×2.78-0.89×$ $2.18-1.96×1.25+9.63=39.82$	39.82
8	衣柜	m^2	$(1.65+0.25)×2.78=5.28$	5.28
9	吸顶灯	个	1	1
10	窗帘	m	$1.96×2=3.92$	3.92

4. 预算表填写

主卧装修项目罗列完善及计算出项目单位数量后，相应数据填入公司制定的预算模板表格，并参照公司的物料、人工单价输入表格的相应位置，调整公式计算出预算结果，见表11-6。

表 11-6 主卧工程项目预算表

精装房装饰预算表

工程名称：××××工程　　　　工程地址：××××小区×××号楼××××户型　　　　编号：001

序号	项目名称	单位	工程量	单价/元	合价/元	主材说明及工艺备注
						主卧工程项目
1	室内套装门	樘	1	1 300	1 300	复合实木门，安装人工及辅料、含门套及门锁、门吸、铰链
2	大理石门槛石铺贴	块	1	30	30	水泥、砂及人工，不足1 m按1 m计（大理石业主自购，宽度240 mm以内，超出宽度另算）
3	大理石门槛石（主材）	块	1	85	85	中国红大理石门槛石
4	地面找平处理	m²	9.63	38	365.94	水泥、中粗砂；找平厚度50 mm内；人工（视楼盘情况而定）（厚度每增加10 mm，单价上涨15元/m²）
5	铺复合木地板（主材）	m²	9.63	125	1 203.75	复合木地板、含踢脚线及压条等配件＋人工安装
6	直线型飘窗台	m	1.96	295	578.2	人造大理石，含安装人工及辅料，水泥（视楼盘情况而定）、砂子（水泥砂浆厚度超过30 mm，厚度每增加10 mm，单价增加15元/m²）
7	墙面、吊顶刮腻子	m²	39.82	18	716.76	材料（成品外墙腻子粉批灰一遍。内墙成品腻子粉两遍批灰，打磨平整）。吊顶补防开裂，贴布带，点防锈漆
8	墙面、吊顶刷乳胶漆	m²	39.82	30	1 194.6	"五合一"乳胶漆，底漆滚涂二遍，面漆滚涂二遍（颜色漆每色加200元）。按实际工程量计算
9	窗帘	m	3.92	150	588	指定材质及人工辅材安装
10	吸顶灯	个	1	150	150	成品及人工辅材安装
11	衣柜安装	m²	5.28	750	3 960	深度600 mm以内，足17.5 mm板免漆生态细木工板框架，背板为足8.5 mm板免漆生态板。见光面贴2.9 mm板。特选顶级饰面板，实木线条收口
				小计	10 172.25	

11.3.4 厨房空间案例预算分析

厨房效果如图 11-5 所示。

图 11-5 厨房效果

厨房平面图如图 11-6 所示。

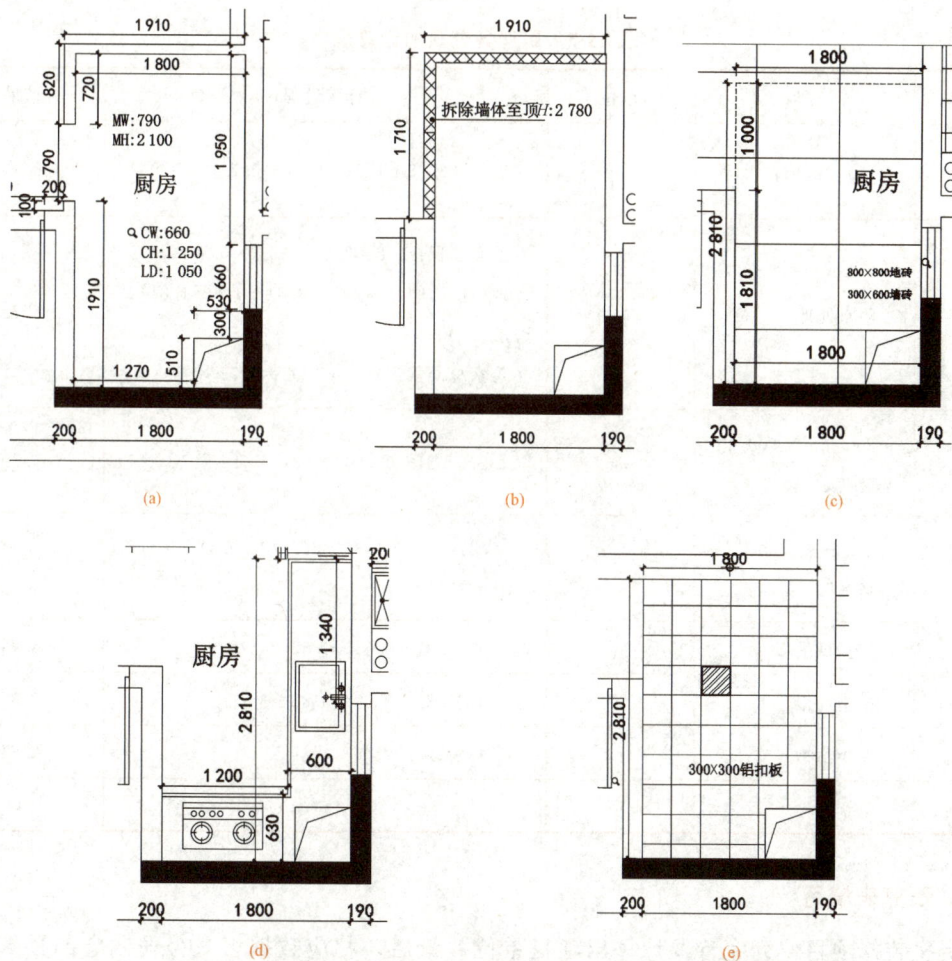

(a)   (b)   (c)

(d)   (e)

图 11-6 厨房平面图

（a）厨房原始结构图；（b）厨房拆除墙体图；（c）厨房地面铺装图；（d）厨房平面布置图；（e）厨房吊顶布置图

1. 图纸分析

在对厨房空间进行预算前要先对图纸分析：

（1）分析厨房空间图纸结构：尺寸标注、标高、门窗、梁等。

（2）分析厨房空间铺装图：地面铺装、墙面铺贴、吊顶等。

（3）分析厨房布局：橱柜。

2. 施工项目分析

对厨房空间装饰施工项目分析，先列出厨房装修所涉及的项目如下：

（1）基础工程：墙体拆除、防水等。

（2）铺贴工程：地面铺装、墙面铺装等。

（3）安装工程：橱柜安装、铝扣板吊顶。

3. 工程量计算

依据图纸对主卧的各个分项进行计算、核算，计算过程见表 11-7（计算方式可按尺寸手工计算或使用 CAD 软件框选区域得出相应数据）。

表 11-7　厨房各分项的计算表

序号	项目	单位	计算过程	结果
1	120 mm 墙体拆除	m^2	$1.91 \times 2.78 + 1.71 \times 2.78 - 0.79 \times 2.1$	8.40
2	防水处理	m^2	地面面积：$1.8 \times 2.81 - 0.51 \times 0.53 = 4.79$ 地面反边刷 0.3 m：$(2.81 + 1.8 + 1.81) \times 0.3 = 1.93$ 防水总面积：$4.79 + 1.93 = 6.72$	6.72
3	800 mm×800 mm 地砖铺贴	m^2	$1.8 \times 2.81 - 0.51 \times 0.53 = 4.79$	4.79
4	300 mm×600 mm 墙砖铺贴	m^2	$(2.81 + 1.8 + 1.81) \times (2.78 - 0.3) - 0.66 \times 1.25 = 15.10$	15.10
5	铝扣板吊顶	m^2	$1.8 \times 2.81 - 0.51 \times 0.53 = 4.79$	4.79
6	橱柜地柜	m	$1.2 + 2.81 - 0.63 = 3.38$	3.38
7	橱柜吊柜	m	$1.34 + 1.27 = 2.61$	2.61
8	五金配件	项	1	1

4. 预算表填写

厨房装修项目罗列完善及计算出项目单位数量后，相应数据填入公司制定的预算模板表格，并参照公司的物料、人工单价输入表格的相应位置，调整公式计算出预算结果，见表 11-8。

表 11-8　厨房工程项目预算表

序号	项目名称	单位	工程量	单价/元	合价/元	主材说明及工艺备注
厨房工程项目						
1	拆 120 mm 墙体	m²	8.40	35	294.4	人工、材料，轻钢龙骨，加局部木龙骨，拉爆固定；封 7 mm 埃特板（局部 4.7 mm 夹板），缝用粘粉填补（局部造型用环氧树脂加锯末填补），贴网带及牛皮纸做防裂处理
2	防水处理（主材）	m²	6.72	50	335.95	柔性防水剂涂刷两遍，丙纶防水一遍，做闭水试验 24 h；按地面全部、墙面返墙 1 800 mm 高
3	800 mm×800 mm 地砖（主材）	m²	4.79	125	598.75	通体大理石瓷砖
4	800 mm×800 mm 地砖铺贴人工	m²	4.79	38	182.02	人工，水泥（视楼盘情况而定）、砂子。（水泥砂浆厚度超过 30 mm，厚度每增加 10 mm，单价增加 15 元/m²）
5	800 mm×800 mm 地砖铺贴辅料	m²	4.79	17	81.43	调制水泥砂浆，辅料 42.5 级水泥
6	300 mm×600 mm 墙砖铺贴人工	m²	15.10	28	422.80	清理基层，简单切割，正铺
7	300 mm×600 mm 墙砖铺贴辅料	m²	15.10	17	256.70	调制水泥砂浆，辅料水泥（视楼盘情况而定）、砂子（水泥砂浆厚度超过 30 mm 以上，厚度每增加 10 mm，单价增加 15 元/m²）
8	300 mm×600 mm 墙砖（主材）	m²	15.10	45	679.50	陶瓷制品
9	橱柜地柜＋台面安装（主材）	m	3.38	1 100	3 718.00	实木颗粒板柜体＋石英石台面＋晶钢门，含普通拉手、铰链，安装人工及辅料
10	橱柜吊柜安装（主材）	m	2.61	530	1 383.3	实木颗粒板柜体＋晶钢门，含普通拉手、铰链，安装人工及辅料
11	洗菜盆及安装（主材）　双温菜盆龙头安装（主材）	个	1	600	600	不锈钢水盆，安装人工及辅料，含角阀及软管
				小计	9 338.77	

11.3.5 客厅、餐厅空间案例预算分析

客厅、餐厅效果图如图 11-7、图 11-8 所示。

图 11-7 客厅效果图

图 11-8 客厅、餐厅效果图

客厅、餐厅平面图如图 11-9 所示。

1. 图纸分析

在对客厅、餐厅空间进行预算前要先对图纸分析：

（1）分析客厅、餐厅空间图纸结构：尺寸标注、标高、门窗、梁等。

（2）分析客厅、餐厅空间铺装图：地面铺装、墙面涂刷、吊顶等。

（3）分析客厅、餐厅布局：吊顶布置柜。

2. 施工项目分析

对客厅、餐厅空间装饰施工项目分析，先列出客厅、餐厅装修所涉及的项目如下：

（1）基础工程：刮腻子、刷乳胶漆、门套修正安装等。

（2）铺贴工程：地面铺装、踢脚线、门槛石等。

（3）安装工程：轻钢龙骨石膏板周边吊顶、轻钢龙骨石膏板吊平顶。

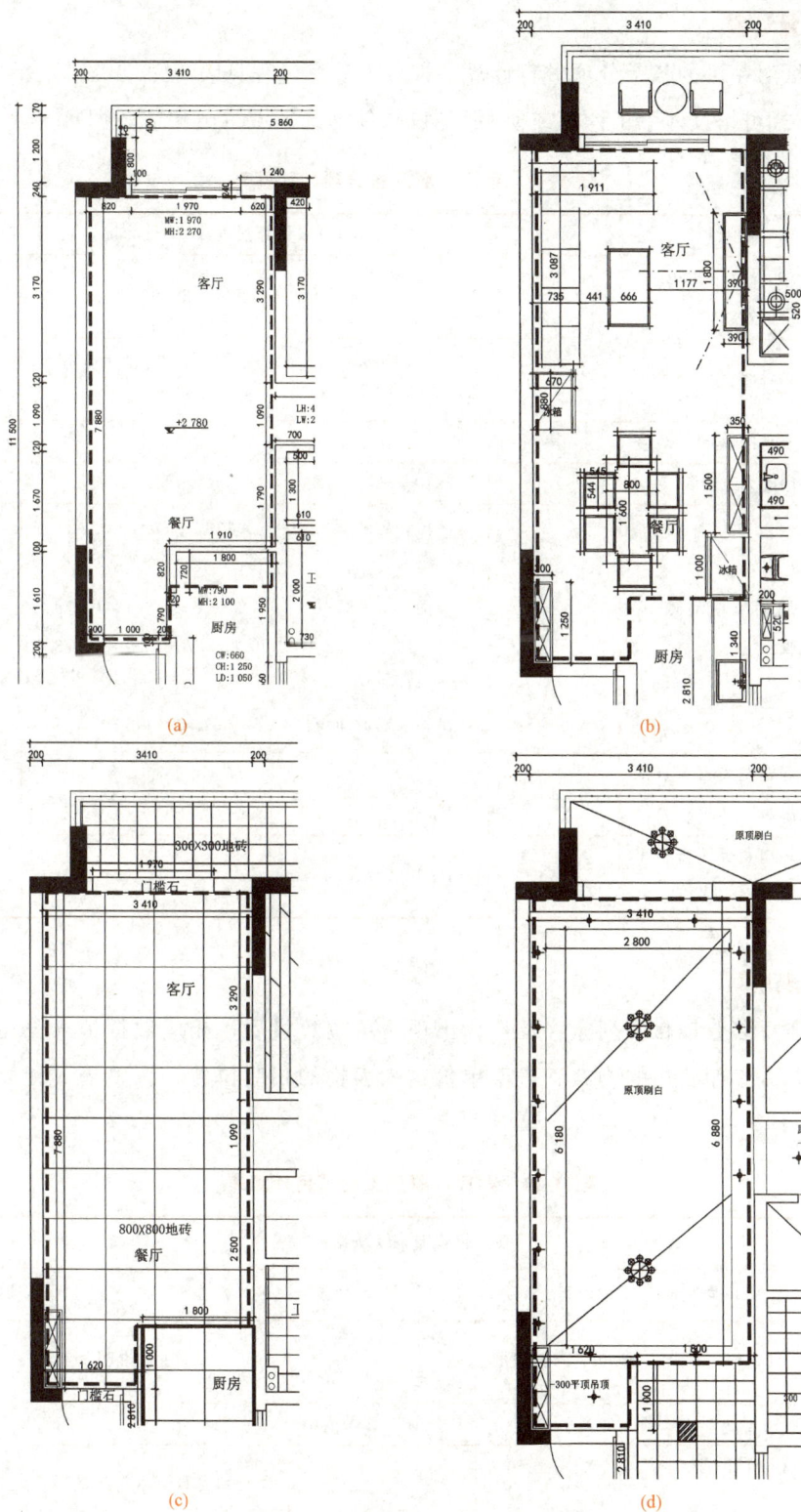

图 11-9　客厅、餐厅平面图

（a）客厅、餐厅原始结构图；（b）客厅、餐厅平面布置图；

（c）客厅、餐厅地面铺装图；（d）客厅、餐厅吊顶布置图

3. 工程量计算

依据图纸对主卧的各个分项进行计算、核算，计算过程见表11-9。

（计算方式可按尺寸手工计算或使用CAD软件框选区域得出相应数据）。

表11-9　客厅、餐厅各分项的计算表

序号	项目	单位	计算过程	结果
1	800 mm×800 mm 地砖铺贴	m²	$(7.88-1)×3.41+1.62×1=25.08$	25.08
2	踢脚线	m	$7.88+3.41-1.97+7.88-1.09-1+1.62-1=15.73$	15.73
3	入户门槛石	块	1	1
4	门套修正安装	m	$2.1×2+1=5.2$	5.2
5	墙面吊顶刮腻子、乳胶漆	m²	吊顶：$6.88×3.41+1×1.62+(6.18+2.8)×2×0.3=30.47$ 墙面：$(7.88+3.41+7.88-1+1.62)×(2.78-0.1-0.3)-1×2.1-1.97×2.27-1.09×(2.78-0.3)=37.83$ 吊顶及墙面面积：$30.47+37.83=68.30$	68.30
6	轻钢龙骨石膏板周边吊顶	m	$(6.88+3.41)×2=20.58$	20.58
7	轻钢龙骨石膏板吊平顶	m²	$1×1.62=1.62$	1.62

4. 预算表填写

客厅、餐厅装修项目罗列完善及计算出项目单位数量后，相应数据填入公司制定的预算模板表格，并参照公司的物料、人工单价输入表格的相应位置，调整公式计算出预算结果，见表11-10。

表11-10　客厅、餐厅工程项目预算表

某家装装饰装修预算表						
工程名称：××××工程		工程地址：××××小区×××号楼×××户型				编号：001
序号	项目名称	单位	工程量	单价/元	合价/元	主材说明及工艺备注
客厅、餐厅工程						
1	入户门门套基层修正	m	5.20	20	104	杉木龙骨、木工板基层、人工修正
2	入户成品单面门套安装（主材）	m	5.20	150	780	人工、材料，14.5 mm 大芯板框架，2.9 mm 顶级饰面板，实木线条收口

序号	项目名称	单位	工程量	单价 /元	合价 /元	主材说明及工艺备注
3	大理石门槛石铺贴	块	1	30	30	水泥、砂及人工，不足 1 m 按 1 m 计（大理石业主自购，宽度 240 mm 以内，超出宽度另算）
4	大理石门槛石（主材）	块	1	85	85	中国红大理石门槛石
5	800 mm×800 mm 地砖（主材）	m²	25.08	125	3 135	通体大理石瓷砖
6	800 mm×800 mm 地砖铺贴人工	m²	25.08	38	953.04	清理基层，简单切割，正铺
7	800 mm×800 mm 地砖铺贴辅料	m²	25.08	17	426.36	人工，水泥（视楼盘情况而定）、砂子（水泥砂浆厚度超过 30 mm，厚度每增加 10 mm，单价增加 15 元/m²）
8	踢脚线铺贴人工及辅料（明装）	m	15.73	18	283.14	清理基层，调制水泥砂浆，简单切割，辅料 42.5 级水泥，正铺
9	踢脚线（主材）	m	15.73	17	267.41	通体大理石瓷砖
10	环保腻子披墙、顶面墙、顶面滚涂乳胶漆（客厅、餐厅）	m²	68.28	50	3 414	环保腻子粉加水搅拌调匀刮 2～3 遍；要求原墙、顶面为水泥墙基层，如需白灰铲除、空鼓等基层处理费用另计
11	轻钢龙骨石膏板吊平顶（一级）	m²	1.62	140	226.8	人工、材料，轻钢龙骨，加局部木龙骨，拉爆固定；封 7 mm 埃特板（局部 4.7 mm 夹板），缝用粘粉填补（局部造型用环氧树脂加锯末填补），贴网带及牛皮纸做防裂处理
12	轻钢龙骨石膏板周边吊顶（一级）	m	20.58	115	2 366.7	人工、材料，轻钢龙骨，加局部木龙骨，拉爆固定；封 7 mm 埃特板（局部 4.7 mm 夹板），缝用粘粉填补（局部造型用环氧树脂加锯末填补），贴网带及牛皮纸做防裂处理
				小计	12 071.45	

11.4 完整的家装工程预算表

【例 11-1】 根据某家居装修施工图、材料表及预算表，完成项目预算。施工图详见图 11-10～图 11-18，材料表详见表 11-11。

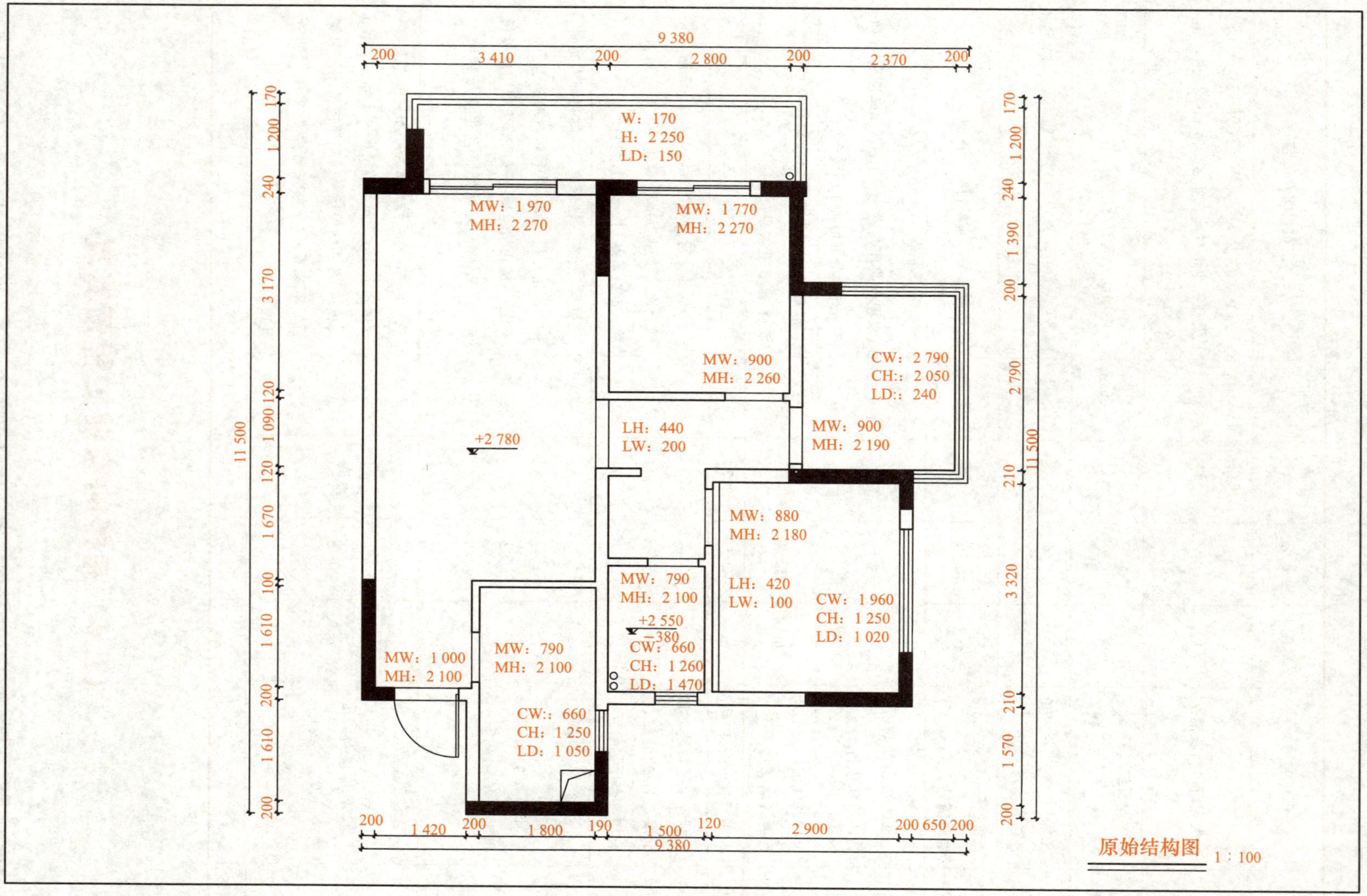

图 11-10　原始结构图

原始结构图　1：100

CW: 2 790
CH: 2 050
LD: 240

MW: 900
MH: 2 190

CW: 1 960
CH: 1 250
LD: 1 020

MW: 1 770
MH: 2 270

MW: 900
MH: 2 260

MW: 880
MH: 2 180

LH: 420
LW: 100

W: 170
H: 2 250
LD: 150

LH: 440
LW: 200

MW: 790
MH: 2 100

CW: 380 660
CH: 1 260
LD: 1 470

+2 550

MW: 1 970
MH: 2 270

+2 780

MW: 790
MH: 2 100

CW: 660
CH: 1 250
LD: 1 050

MW: 1 000
MH: 2 100

11 500
170 1 200 240 1 390 200 2 790 210 3 320 210 1 570 200

200 2 370 200 2 800 200 3 410 200
9 380

200 650 200
2 900
120
1 500
190
1 800
200
1 420
9 380

11 500
170 1 200 240 3 170 120 1 090 120 1 670 100 1 610 200 1 610 200

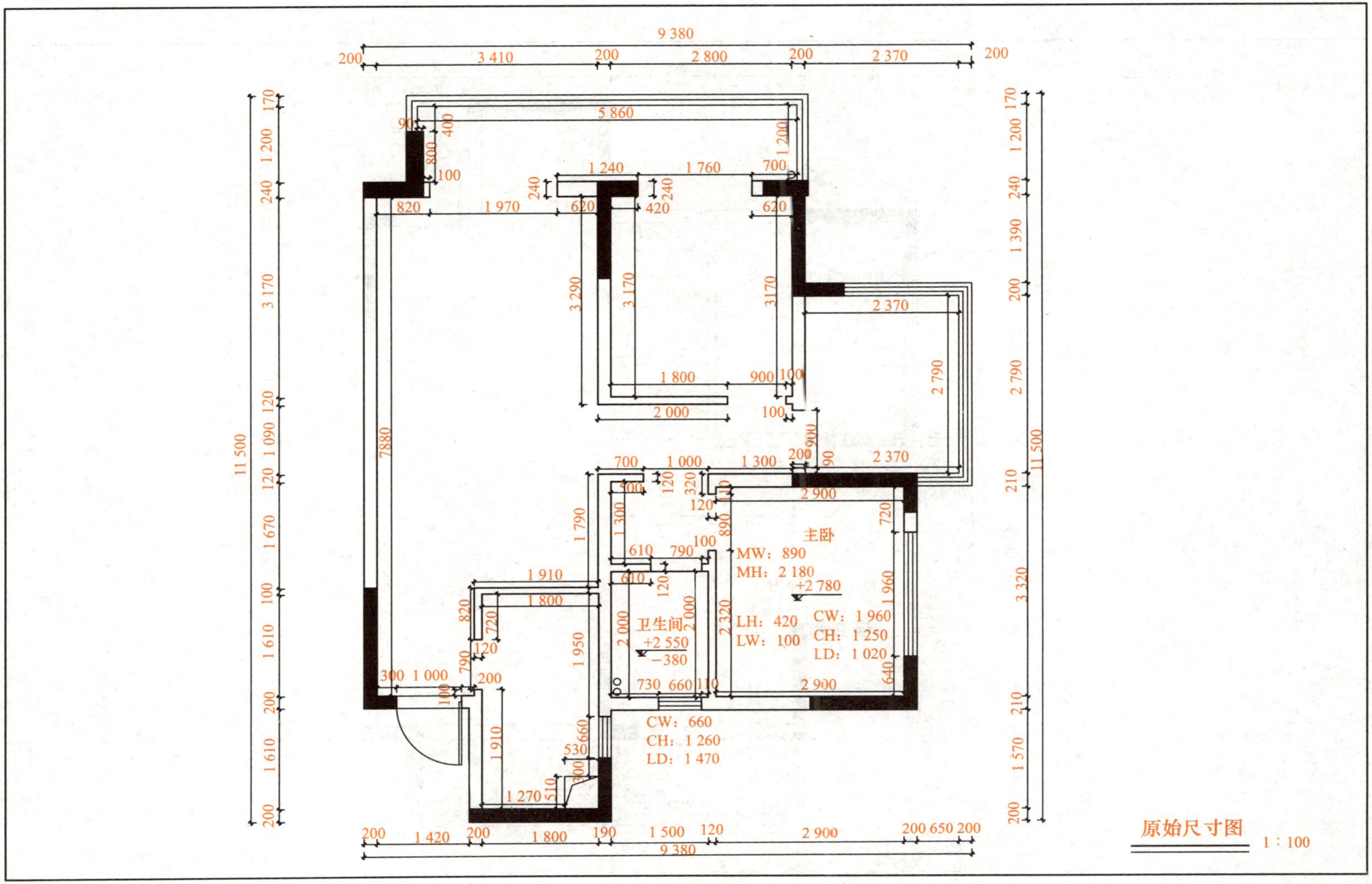

原始尺寸图 1:100

图 11-11 原始尺寸图

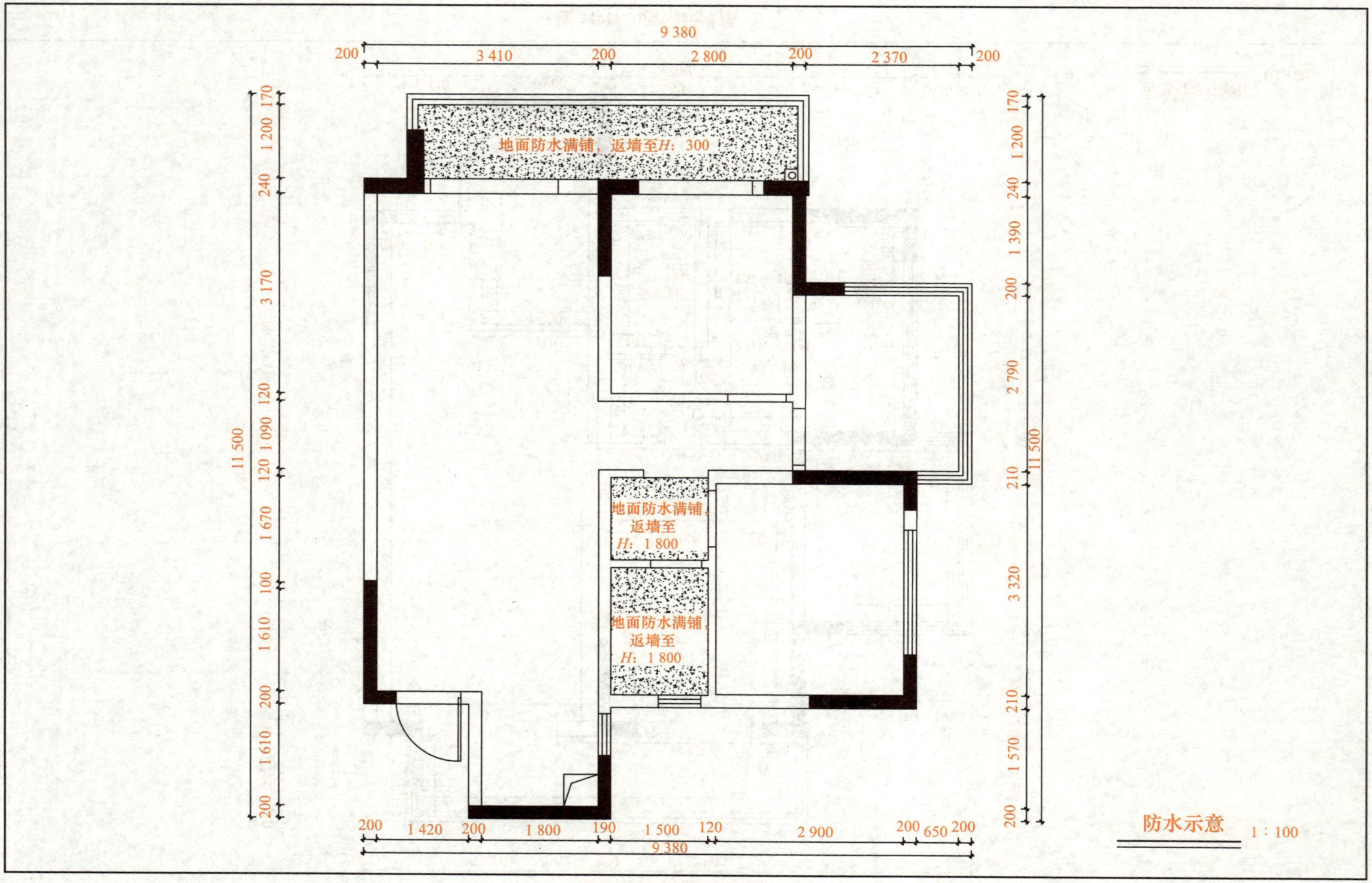

图11-12 防水示意

防水示意 1：100

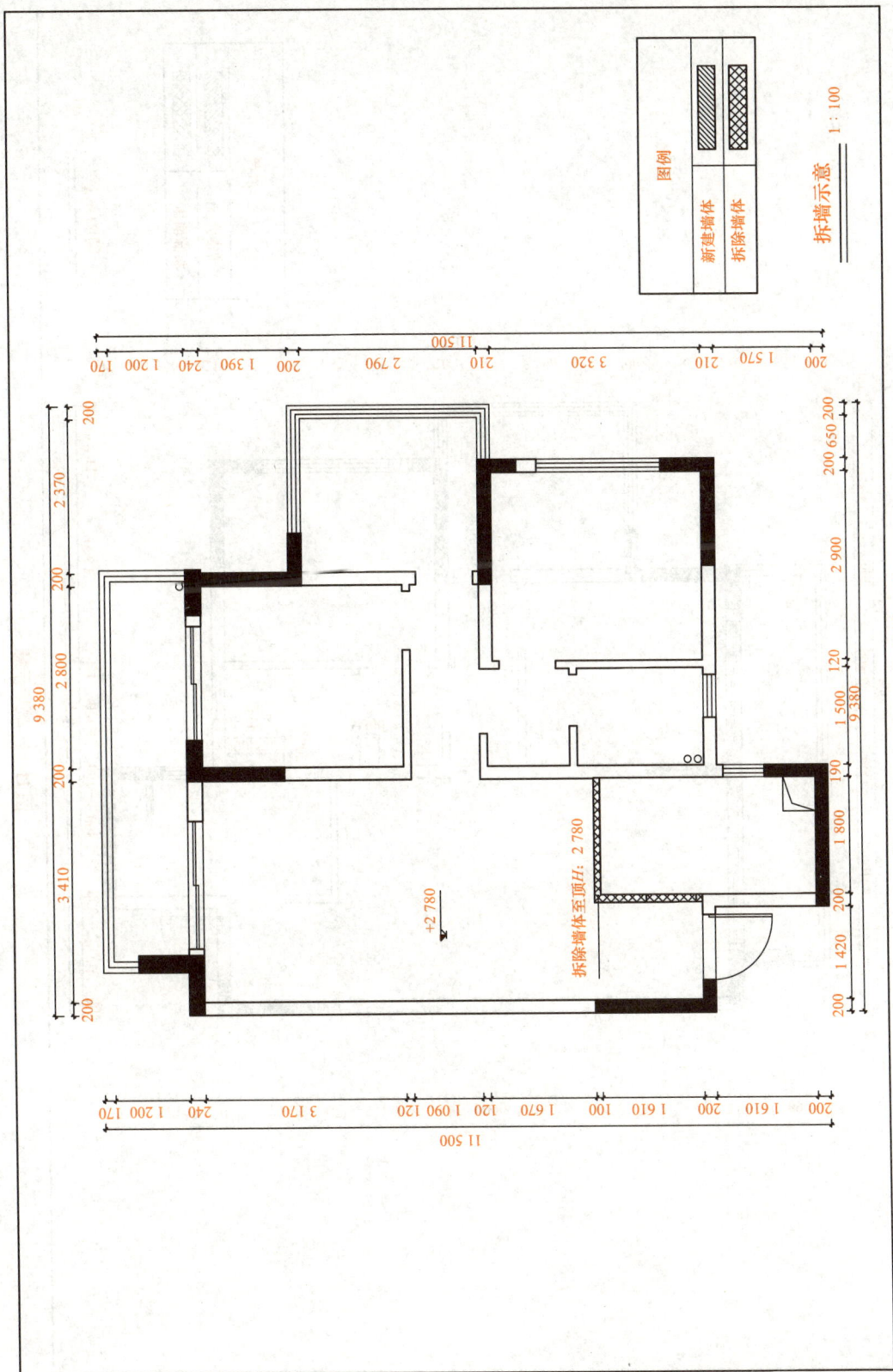

图例

新建墙体	
拆除墙体	

拆墙示意 1：100

图 11-13 拆墙示意

拆除墙体至顶 H：2 780

+2 780

200 170 1 200 1 240 1 390 200 2 790 210 210 3 320 210 1 570 200

200 2 370 200 2 800 200 3 410 200
9 380

200 650 200 2 900 120 1 500 190 1 800 200 1 420 200
9 380

170 1 610 200 1 610 100 1 670 120 1 090 120 3 170 240 1 200 170
11 500

181

图例

新建墙体

拆除墙体

砌墙示意 1：100

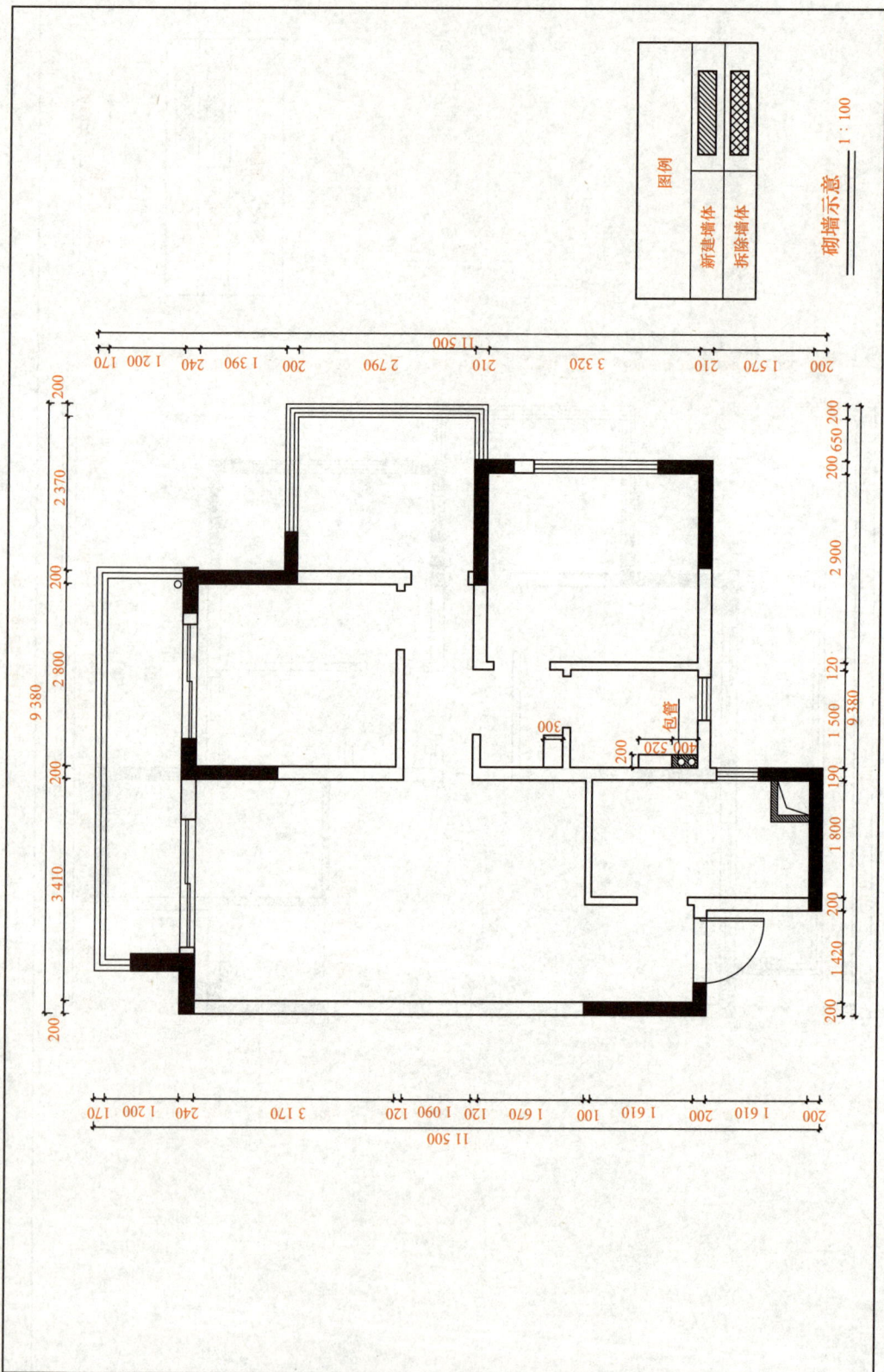

图 11-14 砌墙示意

11 500

200 170 1 200 240 1 390 200 2 790 210 3 320 210 1 570 200

11 500

200 170 1 200 240 3 170 120 1 090 120 1 670 100 1 610 200 1 610 170

200 2 370 200 2 800 200 3 410 200

9 380

200 650 200 2 900 1 500 120 190 1 800 200 1 420 200

9 380

包管

300

400 520 200

地面铺贴图 1：100

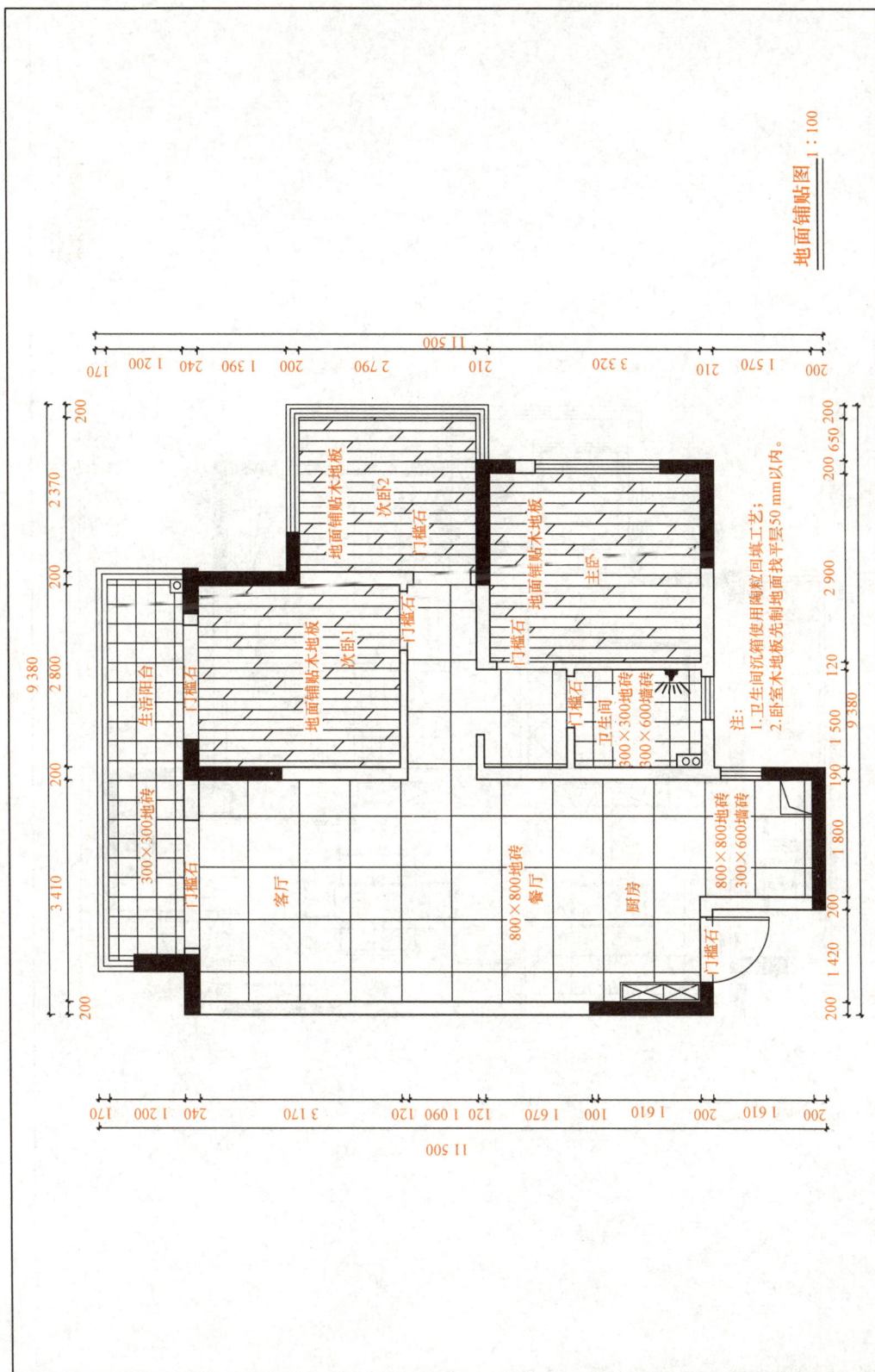

图 11-15 地面铺贴图

生活阳台

300×300地砖

门槛石

客厅

800×800地砖

次卧1

地面铺贴木地板

门槛石

餐厅

800×800地砖

次卧2

地面铺贴木地板

门槛石

主卧

地面铺贴木地板

门槛石

卫生间
300×300地砖
300×600墙砖

门槛石

厨房
800×800地砖
300×600墙砖

门槛石

注：1.卫生间沉箱使用陶粒回填工艺；
2.卧室木地板先制地面找平层50 mm以内。

11 500

170 | 1 200 | 240 | 1 390 | 200 | 2 790 | 210 | 3 320 | 210 | 1 570 | 200

200 | 2 370 | 200 | 2 800 | 200
9 380

3 410

200

200 | 650 | 200

2 900

120
120
1 500

190

1 800

200

1 420

200

9 380

170 | 1 610 | 200 | 1 610 | 100 | 1 670 | 1 090 | 120 | 120 | 3 170 | 240 | 1 200 | 170
11 500

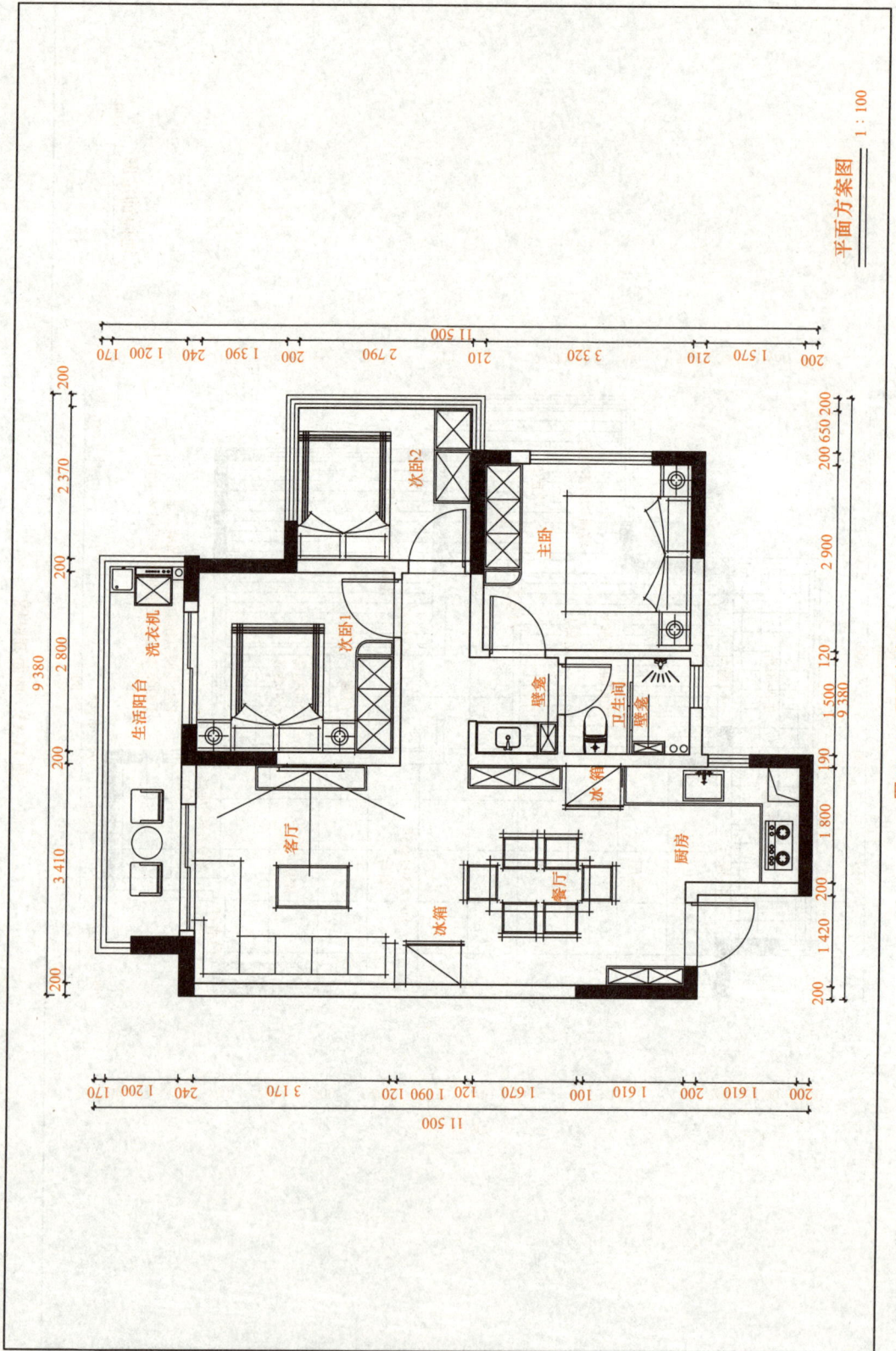

平面方案图 1:100

图 11-16 平面方案图

11 500

170 1 200 240 1 390 200 2 790 210 3 320 210 1 570 200

200 650 200

200

2 370

2 800

9 380

200

3 410

200

200 650 200

2 900

120 1 500 190 1 800 200 1 420 200

9 380

次卧2

主卧

次卧1

壁龛

卫生间

壁龛

生活阳台　洗衣机

客厅

冰箱

餐厅

冰箱

厨房

11 500

170 1 200 240 3 170 120 1 090 120 1 670 100 1 610 200 1 610 200

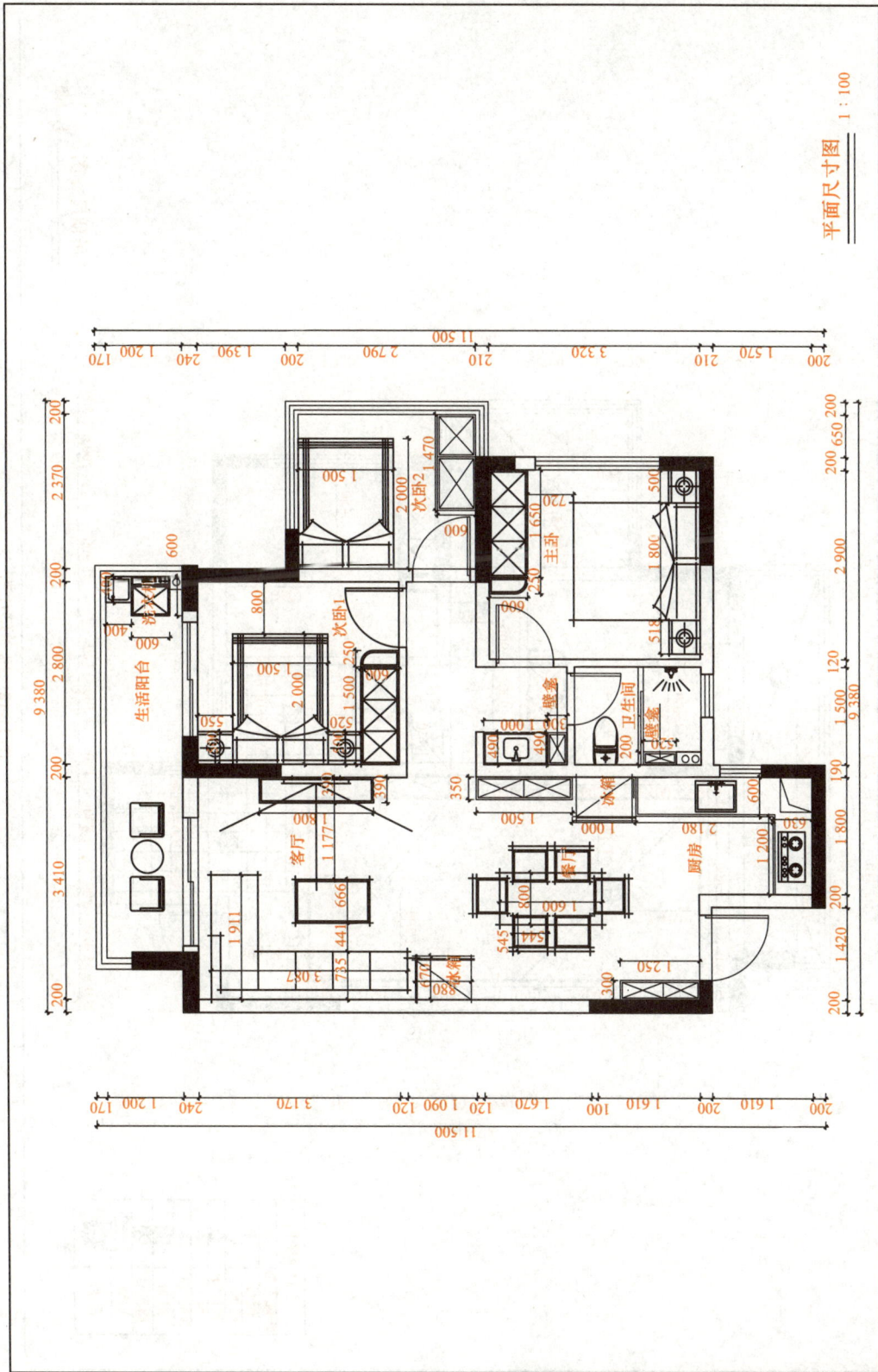

图 11-17 平面尺寸图

平面尺寸图 1:100

生活阳台　洗衣机　次卧2　主卧　卫生间　厨房　次卧1　客厅　餐厅　冰箱　壁柜

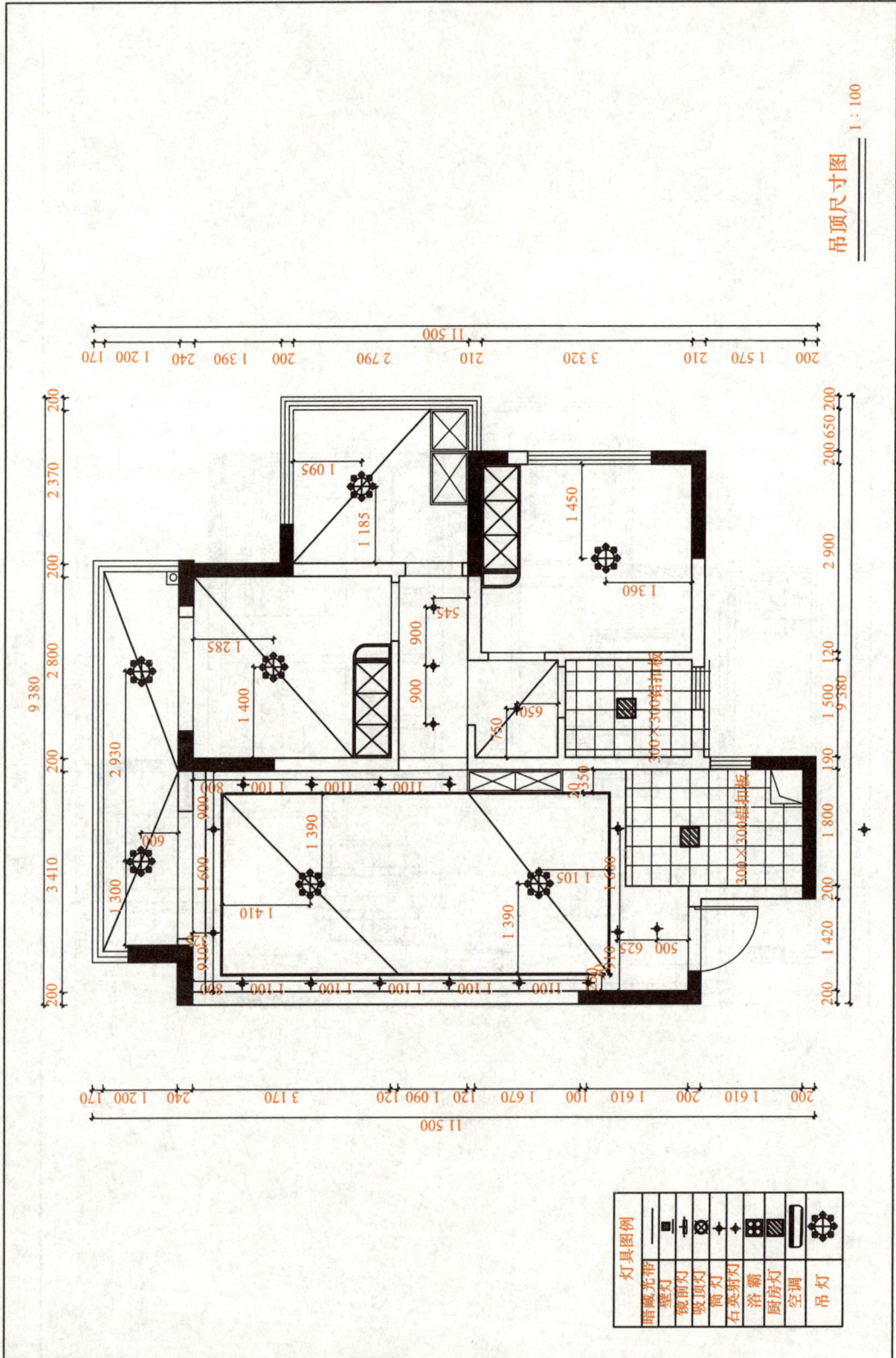

图 11-18 吊顶尺寸图

吊顶尺寸图　　1：100

灯具图例	
暗藏无带	
壁灯	
观顶灯	
吸顶灯	
筒灯	
石英射灯	
浴霸	
厨房灯	
空调	
吊灯	

11.4.1 施工图纸

根据案例所提供图纸及图纸信息说明，参照以上案例分析的卫生间、主卧、厨房、客厅空间装修预算方法制作一套完整的预算清单。

11.4.2 项目装修案例材料表

项目材料表见表 11-11。

表 11-11 项目材料表

序号	材料名称	单位	描述说明
1	房间门	樘	14.5 mm 细木工板框架，2.9 mm 顶级饰面板，实木线条收口
2	门槛石	块	中国红大理石
3	地砖	m²	规格 800 mm×800 mm，通体瓷砖
4	木地板	m²	公司指定品牌，复合木地板
5	窗台石	m	人造大理石，成品安装
6	腻子粉	m²	公司指定品牌室内装修专用腻子
7	乳胶漆	m²	公司指定品牌乳胶漆"五合一"
8	窗帘	m	公司指定品牌型号包安装
9	衣柜	m²	17.5 mm 免漆生态细木工板框架，背板为足 8.5 mm 免漆生态板。见光面贴 2.9 mm 板。特选顶级饰面板，实木线条收口
10	吸顶灯	个	公司指定品牌型号包安装
11	厨房推拉门	m²	材质：0.9 mm 厚钛合金，含人工安装及辅料
12	防水材料	m²	公司指定品牌柔性防水剂
13	洗菜盆	个	不锈钢水盆，安装人工及辅料，含角阀及软管
14	陶粒	m²	沉降层陶粒回填材料
15	水泥	包	国标水泥
16	砂子	m³	河砂或石砂
17	铝扣板	m³	规格 300 mm×300 mm，0.8 mm 厚铝合金材质
18	淋浴隔断	m²	8 mm 厚钢化玻璃＋不锈钢边条＋五金配件
19	卫生间照明模块	个	公司指定品牌，风暖二合一，包安装
20	地漏	个	304 不锈钢成品包，安装
21	浴室柜	个	公司指定品牌型号，规格 800～900 mm 宽，包安装
22	抽风机	个	公司指定品牌型号包安装
23	马桶	个	公司指定品牌型号包安装

序号	材料名称	单位	描述说明
24	水龙头	个	公司指定品牌型号包安装
25	电线	项	公司指定品牌，照明线路 2.5 m²，插座线路 2.5 m²，厨卫线路 4 m²，空调线路 4 m²
26	给水管	项	公司指定品牌，PPR 冷热水管
27	排水管	项	公司指定品牌 PVC 管材
28	开关插座	项	公司指定品牌（全屋开关插座）

11.4.3 项目装修案例总预算表

项目总预算表见表 11-12。

表 11-12 项目总预算表

某家装装饰装修预算表

工程名称：××××工程　　　工程地址：××××小区×××号楼××××户型　　　编号：001

序号	项目名称	单位	工程量	单价/元	合价/元	主材说明及工艺备注
一、客厅、餐厅工程						
1	入户门门套基层修正	m	5.2	20	104	杉木龙骨、木工板基层、人工修正
2	入户成品单面门套安装（主材）	m	5.2	150	780	人工、材料，14.5 mm 大芯板框架，2.9 mm 顶级饰面板，实木线条收口
3	大理石门槛石铺贴	块	1	30	30	水泥、砂及人工，不足 1 m 按 1 m 计（大理石业主自购，宽度 240 mm 以内，超出宽度另算）
4	大理石门槛石（主材）	块	1	85	85	中国红大理石门槛石
5	800 mm×800 mm 地砖（主材）	m²	25.08	125	3 135	通体大理石瓷砖
6	800 mm×800 mm 地砖铺贴人工	m²	25.08	38	953.04	清理基层，简单切割，正铺
7	800 mm×800 mm 地砖铺贴辅料	m²	25.08	17	426.36	人工、水泥（视楼盘情况而定）、砂子（水泥砂浆厚度超过 30 mm，厚度每增加 10 mm，单价增加 15 元/m²）

序号	项目名称	单位	工程量	单价/元	合价/元	主材说明及工艺备注
8	踢脚线铺贴人工及辅料（明装）	m	15.73	18	283.14	清理基层，调制水泥砂浆，简单切割，辅料 42.5 级水泥，正铺
9	踢脚线（主材）	m	15.73	17	267.41	通体大理石瓷砖
10	墙面、吊顶刮腻子	m²	68.28	18.00	1 229.04	材料（成品外墙腻子粉批灰一遍。内墙成品腻子粉批灰两遍，打磨平整）。吊顶补防开裂，贴布带，点防锈漆
11	墙面、吊顶刷乳胶漆	m²	68.28	30.00	2 048.40	"五合一"乳胶漆，底漆滚涂两遍，面漆滚涂两遍（颜色漆每色加 200 元）。按实际工程量计算
12	轻钢龙骨石膏板吊平顶（级）（入户处）	m²	1.62	140	226.8	人工、材料，轻钢龙骨，加局部木龙骨，拉爆固定，封 7 mm 埃特板（局部 4.7 mm 夹板），缝用粘粉填补（局部造型用环氧树脂加锯末填补），贴网带及牛皮纸做防裂处理
13	轻钢龙骨石膏板周边吊顶（一级）（客厅处）	m	20.58	115	2 366.7	人工、材料，轻钢龙骨，加局部木龙骨，拉爆固定，封 7 mm 埃特板（局部 4.7 mm 夹板），缝用粘粉填补（局部造型用环氧树脂加锯末填补），贴网带及牛皮纸做防裂处理
				小计	11 934.89	

二、走廊及洗漱间

序号	项目名称	单位	工程量	单价/元	合价/元	主材说明及工艺备注
1	800 mm×800 mm 地砖（主材）	m²	5.33	125	666.25	通体大理石瓷砖
2	800 mm×800 mm 地砖铺贴人工	m²	5.33	38	202.54	清理基层，简单切割，正铺
3	800 mm×800 mm 地砖铺贴辅料	m²	5.33	17	90.61	人工、水泥（视楼盘情况而定）、砂子（水泥砂浆厚度超过 30 mm，厚度每增加 10 mm，单价增加 15 元/m²）
4	踢脚线铺贴人工及辅料（明装）	m	4.82	18	86.76	清理基层，调制水泥砂浆，简单切割，辅料 42.5 级水泥，正铺
5、	踢脚线（主材）	m	4.82	17	81.94	通体大理石瓷砖

序号	项目名称	单位	工程量	单价/元	合价/元	主材说明及工艺备注
6	墙面、吊顶刮腻子	m²	20.28	18.00	365.04	材料（成品外墙腻子粉批灰一遍。内墙成品腻子粉批灰两遍，打磨平整）。吊顶补防开裂，贴布带，点防锈漆
7	墙面、吊顶刷乳胶漆	m²	20.28	30.00	608.40	"五合一"乳胶漆，底漆滚涂两遍，面漆滚涂两遍（颜色漆每色加200元）。按实际工程量计算
8	防水处理（主材）	m²	6.29	50.00	314.50	柔性防水剂涂刷两遍，丙纶防水一遍，做闭水试验24 h；按地面全部、墙面返墙1 800 mm高
9	300 mm×600 mm墙砖铺贴人工（洗漱间）	m²	7.85	38.00	298.30	清理基层，简单切割，正铺
10	300 mm×600 mm墙砖铺贴辅料（洗漱间）	m²	7.85	17.00	133.45	水泥（视楼盘情况而定）、砂子（水泥砂浆厚度超过30 mm，厚度每增加10 mm，单价增加15元/m²）
11	300 mm×600 mm墙砖（主材）（洗漱间）	m²	7.85	85.00	667.25	陶瓷制品
12	轻钢龙骨石膏板吊平顶（一级）（走廊处）	m²	3.27	140	457.8	人工、材料，轻钢龙骨，加局部木龙骨，拉爆固定；封7 mm埃特板（局部4.7 mm夹板），缝用粘粉填补（局部造型用环氧树脂加锯末填补），贴网带及牛皮纸做防裂处理
				小计	3 515.04	
三、主卧工程项目						
1	室内套装门	樘	1.00	1 300.00	1 300.00	复合实木门，安装人工及辅料、含门套及门锁、门吸、铰链
2	大理石门槛石铺贴	块	1.00	30.00	30.00	水泥、砂及人工，不足1 m按1 m计（大理石业主自购，宽度240 mm以内，超出宽度另算）
3	大理石门槛石（主材）	块	1.00	85.00	85.00	中国红大理石门槛石

序号	项目名称	单位	工程量	单价/元	合价/元	主材说明及工艺备注
4	地面找平处理	m²	9.63	38.00	365.94	水泥、中粗砂；找平厚度 50 mm 内；人工（视楼盘情况而定）（厚度每增加 10 mm，单价上涨 15 元/m²）
5	铺复合木地板（主材）	m²	9.63	125.00	1 203.75	复合木地板、含踢脚线及压条等配件＋人工安装
6	直线型飘窗台	m	1.96	295.00	578.20	人造大理石，含安装人工及辅料，水泥（视楼盘情况而定）、砂子（水泥砂浆厚度超过 30 mm，厚度每增加 10 mm，单价增加 15 元/m²）
7	墙面、吊顶刮腻子	m²	39.82	18.00	716.76	材料（成品外墙腻子粉批灰一遍。内墙成品腻子粉批灰两遍，打磨平整）。吊顶补防开裂，贴布带，点防锈漆
8	墙面、吊顶刷乳胶漆	m²	39.82	30.00	1 194.60	"五合一"乳胶漆，底漆滚涂两遍，面漆滚涂两遍（颜色漆每色加 200 元）。按实际工程量计算
9	窗帘	m	3.92	150.00	588.00	指定品牌材质及人工辅材安装
10	吸顶灯	个	1.00	150.00	150.00	成品及人工辅材安装
11	衣柜	m²	5.28	750.00	3 960.00	深度 600 mm 以内，足 17.5 mm 免漆生态细木工板框架，背板为足 8.5 mm 免漆生态板。见光面贴 2.9 mm 板。若特选顶级饰面板，实木线条收口
				小计	10 172.25	

四、次卧 1 工程项目

序号	项目名称	单位	工程量	单价/元	合价/元	主材说明及工艺备注
1	室内套装门	樘	1	1 300.00	1 300.00	复合实木门，安装人工及辅料、含门套及门锁、门吸、铰链
2	大理石门槛石铺贴	块	1.00	30.00	30.00	水泥、砂及人工，不足 1 m 按 1 m 计（大理石业主自购，宽度 240 mm 以内，超出宽度另算）
3	大理石门槛石（主材）	块	1.00	85.00	85.00	中国红大理石门槛石

序号	项目名称	单位	工程量	单价/元	合价/元	主材说明及工艺备注
4	地面找平处理	m²	8.88	38.00	337.44	水泥、中粗砂；找平厚度50 mm内；人工（视楼盘情况而定）（厚度每增加10 mm，单价上涨15元/m²）
5	铺复合木地板（主材）	m²	8.88	125.00	1 110.00	复合木地板、含踢脚线及压条等配件＋人工安装
6	墙面、吊顶刮腻子	m²	36.26	18.00	652.68	材料（成品外墙腻子粉批灰一遍。内墙成品腻子粉两遍批灰打磨平整）。吊顶补防开裂，贴布带，点防锈漆
7	墙面、吊顶刷乳胶漆	m²	36.26	30.00	1 087.80	"五合一"乳胶漆，底漆滚涂二遍，面漆滚涂二遍（颜色漆每色加200元）。按实际工程量计算
8	窗帘	m	3.52	150.00	528.00	指定品牌材质及人工辅材安装
9	吸顶灯	个	1.00	150.00	150.00	成品及人工辅材安装
10	衣柜	m²	4.87	750.00	3648.75	深度600 mm以内，足17.5 mm免漆生态大芯板框架，背板为足8.5 mm免漆生态板。见光面贴2.9 mm板。若特选顶级饰面板，实木线条收口
				小计	8 929.67	

五、次卧2工程项目

序号	项目名称	单位	工程量	单价/元	合价/元	主材说明及工艺备注
1	室内套装门	樘	1.00	1 300.00	1 300.00	复合实木门，安装人工及辅料、含门套及门锁、门吸、铰链
2	大理石门槛石铺贴	块	1.00	30.00	30.00	水泥、砂及人工，不足1 m按1 m计（大理石业主自购，宽度240 mm以内，超出宽度另算）
3	大理石门槛石（主材）	块	1.00	85.00	85.00	中国红大理石门槛石
4	地面找平处理	m²	6.62	38.00	251.56	水泥、中粗砂；找平厚度50 mm内；人工（视楼盘情况而定）（厚度每增加10 mm，单价上涨15元/m²）

序号	项目名称	单位	工程量	单价/元	合价/元	主材说明及工艺备注
5	铺复合木地板（主材）	m²	6.62	125.00	827.50	复合木地板、含踢脚线及压条等配件＋人工安装
6	直线型飘窗台	m	5.21	295.00	1 536.95	人造大理石，含安装人工及辅料，水泥（视楼盘情况而定）、砂子（水泥砂浆超过30 mm以上，厚度每增加10 mm，单价增加15元/m²）
7	墙面、吊顶刮腻子	m²	29.54	18.00	531.72	材料（成品外墙腻子粉批灰一遍。内墙成品腻子粉批灰两遍，打磨平整）。吊顶补防开裂，贴布带，点防锈漆
8	墙面、吊顶刷乳胶漆	m²	29.54	30.00	886.20	"五合一"乳胶漆，底漆滚涂二遍，面漆滚涂二遍（颜色漆每色加200元）。按实际工程量计算
9	窗帘	m	5.20	150.00	780.00	指定品牌材质及人工辅材安装
10	吸顶灯	个	1.00	150.00	150.00	成品及人工辅材安装
11	衣柜	m²	4.00	750.00	3 000.00	深度600 mm以内，足17.5 mm免漆生态大芯板框架，背板为足8.5 mm免漆生态板。见光面贴2.9 mm板。若特选顶级饰面板，实木线条收口
				小计	9 378.93	
六、厨房工程项目						
1	拆120 mm墙体	m²	8.4	35	294	人工、材料，轻钢龙骨，加局部木龙骨，拉爆固定；封7 mm埃特板（局部4.7 mm夹板），缝用粘粉填补（局部造型用环氧树脂加锯末填补），贴网带及牛皮纸做防裂处理
2	墙体拆除后端面修补	m	9.09	18	163.62	水泥、砂子及人工（厚度每增加10 mm，单价另上涨15元/m²）批荡找平
3	防水处理（主材）	m²	6.719	50	335.95	柔性防水剂涂刷两遍，丙纶防水一遍，做闭水试验24 h；按地面全部、墙面返墙1 800 mm高
4	800 mm×800 mm地砖（主材）	m²	4.79	125	598.75	通体大理石瓷砖

序号	项目名称	单位	工程量	单价/元	合价/元	主材说明及工艺备注
5	800 mm×800 mm 地砖铺贴人工	m²	4.79	38	182.02	人工、水泥（视楼盘情况而定）、砂子（水泥砂浆厚度超过 30 mm，厚度每增加 10 mm，单价增加 15 元/m²）
6	800 mm×800 mm 地砖铺贴辅料	m²	4.79	17	81.43	调制水泥砂浆，辅料 42.5 级水泥
7	300 mm×600 mm 墙砖铺贴人工	m²	15.1	28	422.8	清理基层，简单切割，正铺
8	300 mm×600 mm 墙砖铺贴辅料	m²	15.1	17	256.7	调制水泥砂浆，辅料水泥（视楼盘情况而定）、砂子（水泥砂浆厚度超过 30 mm，厚度每增加 10 mm，单价增加 15 元/m²）
9	300 mm×600 mm 墙砖（主材）	m²	15.1	45	679.5	陶瓷制品
10	铝扣板吊顶（主材）	m²	4.79	130	622.7	含人工安装、铝扣板、龙骨、边角线
11	橱柜地柜＋台面安装（主材）	m	3.38	1 100	3 718	实木颗粒板柜体＋石英石台面＋晶钢门，含普通拉手、铰链，安装人工及辅料
12	橱柜吊柜安装（主材）	m	2.61	530	1 383.3	实木颗粒板柜体＋晶钢门，含普通拉手、铰链，安装人工及辅料
13	洗菜盆及安装（主材）	个	1	600	600	不锈钢水盆，安装人工及辅料，含角阀及软管
	双温菜盆龙头安装（主材）					
				小计	9 338.77	
七、卫生间工程项目						
1	卫生间钛合金门（主材）	樘	1.00	980.00	980.00	材质：0.9 mm 厚钛合金，含人工安装及辅料
2	大理石门槛石铺贴	块	1.00	30.00	30.00	水泥、砂及人工，不足 1 m 按 1 m 计（大理石业主自购，宽度 240 mm 以内，超出宽度另算）
3	大理石门槛石（主材）	块	1.00	85.00	85.00	中国红大理石门槛石

序号	项目名称	单位	工程量	单价/元	合价/元	主材说明及工艺备注
4	防水处理（主材）	m²	19.37	50.00	968.50	柔性防水剂涂刷两遍，丙纶防水一遍，做闭水试验24 h；按地面全部、墙面返墙1 800 mm高
5	沉降层回填	m²	3.00	265.00	795.00	沉降层陶粒回填，压实、平整，1∶3水泥砂浆灌浇，找坡，按平方米计量，收浆拉毛处理，深度≤350 mm
6	300 mm×300 mm地砖铺贴人工	m²	3.00	38.00	114.00	清理基层，简单切割，正铺
7	300 mm×300 mm地砖铺贴辅料	m²	3.00	17.00	51.00	水泥（视楼盘情况而定）、砂子。（水泥砂浆厚度超过30 mm，厚度每增加10 mm，单价增加15元/m²）
8	300 mm×300 mm地砖（主材）	m²	3.00	85.00	255.00	陶瓷制品
9	300 mm×600 mm墙砖铺贴人工	m²	15.36	38.00	583.68	清理基层，简单切割，正铺
10	300 mm×600 mm墙砖铺贴辅料	m²	15.36	17.00	261.12	水泥（视楼盘情况而定）、砂子。（水泥砂浆厚度超过30 mm，厚度每增加10 mm，单价增加15元/m²）
11	300 mm×600 mm墙砖（主材）	m²	15.36	85.00	1 305.60	陶瓷制品
12	包下水管（双管）	m	2.55	105.00	267.75	砂、砖、国标水泥，水泥砂浆砌及批荡。按单根 φ110 mm 或 φ50 mm 管计算（三面包人工费加 50 元/条）
13	隔声棉处理	根	2.00	80.00	160.00	隔声棉处理
14	铝扣板吊顶（主材）	m²	3.00	130.00	390.00	含人工安装、铝扣板、龙骨、边角线
15	淋浴隔断（主材）	m²	3.00	620.00	1 860.00	8 mm 淋浴隔断，不足 3 m² 按 3 m² 计算。包人工安装
16	挡水条	条	1.00	150.00	150.00	黑色人造基石及安装辅料
17	卫生间照明模块（主材）	套	1.00	350.00	350.00	风暖二合一包含安装人工及辅料

序号	项目名称	单位	工程量	单价/元	合价/元	主材说明及工艺备注
18	地漏安装（主材）	个	1.00	30.00	30.00	材质：304不锈钢，含安装人工及辅料
19	卫浴小五金	套	1.00	280.00	280.00	5件套；马桶刷、厕纸盒、毛巾架、双杆、角架及安装
20	浴室柜及配件					多层板柜体，含镜子、台盆、三角阀、软管、下水器
21	龙头	套	1	3 650.00	3 650.00	不锈钢龙头含安装人工及辅料
22	淋浴花洒					不锈钢镀铜铬花洒，含安装人工及辅料
23	马桶					含角阀及软管、安装人工及辅料
24	抽风机					成品安装及辅材
				小计	12 566.65	

八、生活阳台工程

序号	项目名称	单位	工程量	单价/元	合价/元	主材说明及工艺备注
1	大理石门槛石铺贴	块	4.00	30.00	120.00	水泥、砂及人工，不足1 m按1 m计（大理石业主自购，宽度240 mm以内，超出宽度另算）
2	大理石门槛石（主材）	块	4.00	85.00	340.00	中国红大理石门槛石
3	300 mm×300 mm 地砖铺贴辅料	m^2	6.92	17.00	117.64	水泥（视楼盘情况而定）、砂子（水泥砂浆厚度超过30 mm，厚度每增加10 mm，单价增加15元/m^2）
4	300 mm×300 mm 地砖（主材）	m^2	6.92	85.00	588.20	陶瓷制品
5	防水处理（主材）	m^2	10.06	50.00	503.20	柔性防水剂涂刷两遍，丙纶防水一遍，做闭水试验24 h；按地面全部、墙面返墙1 800 mm高
6	暗藏踢脚线铺贴人工及辅料	m	10.39	18.00	187.02	清理基层，调制水泥砂浆，简单切割，辅料42.5级水泥，正铺
7	阳台暗藏踢脚线（主材）	m	10.39	17.00	176.63	陶瓷制品

序号	项目名称	单位	工程量	单价/元	合价/元	主材说明及工艺备注
8	阳台沿台边及吊边地砖铺贴人工及辅料	m	7.46	15.00	111.90	清理基层，调制水泥砂浆，简单切割，辅料42.5级水泥，正铺
9	阳台沿台边及吊边地砖（主材）	m²	2.24	85.00	190.23	陶瓷制品
10	包下水管（单管）	m	2.80	80.00	224.00	砂、砖、国标水泥，水泥砂浆砌及批荡。按单根ϕ110 mm或ϕ50 mm管计算（三面包人工费加50元/条）
11	地漏安装（主材）	个	1.00	30.00	30.00	304不锈钢，含安装人工及辅料
12	冷水龙头	个	1.00	28.00	28.00	不锈钢，含安装人工及辅料
13	墙砖铺贴人工	m²	10.33	38.00	392.57	清理基层，简单切割，正铺
14	墙砖铺贴辅料	m²	10.33	17.00	175.61	水泥（视楼盘情况而定）、砂子（水泥砂浆厚度超过30 mm，厚度每增加10 mm，单价增加15元/m²）
15	墙砖（主材）	m²	10.33	85.00	878.05	陶瓷制品
16	吊顶刮腻子	m²	7.10	18.00	127.80	材料（成品外墙腻子粉批灰一遍。内墙成品腻子粉批灰两遍，打磨平整）。吊顶补防开裂，贴布带，点防锈漆
17	刷乳胶漆	m²	7.10	30.00	213.00	"五合一"乳胶漆，底漆滚涂两遍，面漆滚涂两遍（颜色漆每色加200元）。按实际工程量计算
				小计	4 403.85	

九、水电工程

序号	项目名称	单位	工程量	单价/元	合价/元	主材说明及工艺备注
1	强电路改造工程					照明线路2.5 m²，插座线路2.5 m²，厨卫线路4 m²，空调线路4 m²
2	弱电改造工程	m²	83.50	150.00	12 525.00	
3	给水改造工程					热水管；定位、打槽、入墙，热熔连接、固定，闭水压力检测。1∶2水泥砂浆填槽，粉平
4	排水改造工程					注：排水改造不含排水开孔、开槽移位、主下水管移位等

序号	项目名称	单位	工程量	单价/元	合价/元	主材说明及工艺备注
5	插座、开关（主材）	个	46.00	18.00	828.00	含安装人工及辅料
				小计	13 353.00	
	分部分项工程费合计				83 593.05	
	工程管理费（B）（＝A×5％）				4 179.65	
	材料及垃圾清搬运（C）（＝A×2％）				1 671.86	
	完工保洁费				541.44	按建筑面积×8元收取完工保洁费
	工程总造价（＝A＋B＋C）				89 986.00	

1. 如果您先做预（估）算（且尚未出施工图纸），此报价仅供您参考或作为您与公司签订施工合同的参考依据，我公司保留依施工图纸所用材料和加工件复杂系数、修订项目单价的权利。

2. 乙方材料进场甲方须在两天内进行验收，逾期没验收视为甲方认可，乙方可直接使用。

3. 为了维护客户的利益，请客户不要接受任何的口头承诺，一切以书面形式体现；套餐中包含的所有项目，均不允许抵减现金；可用作其他增补项目。

4. 本报价所规定材料的品牌、规格、型号如遇市场断货、缺货，可选用同档次其他品牌、规格、型号。如甲方所挑选的主材价格与本报价所规定的价格不同，则需多退少补。

5. 本报价中厨房和卫生间墙、地砖均未包含腰线、花片，如甲方需要配装腰线、花片，主材费用另计。

6. 施工项目依照本预算所立项目为依据，预算外项目应按实际发生计算，多退少补。

7. 如业主已在预算书上签字并确认所有的预算项目并签订公司施工合同书，在施工过程中需减少项目并折现、一律按成交价格的70％折现。成品家具项目及成品房门等预定项目一律不得在签订施工合同书后减项变更。

8. 合同签订后，客户在选择主材时（瓷砖、洁具、灯具、门、木地板、开关面板等）。同一主材只能选择一个品牌，每超过一个品牌，客户需加200元材料配送费。家具只能选择一个品牌，每超过一个品牌，客户需加500元物流费。

9. 此报价未含物业管理处各项收费及其他任何办证费用（物业公司要求的装修押金、物业公司要求乙方装修相关费用、管理费、垃圾费、工人出入证办证费用等均由甲方承担并交纳）。

10. 乙方承担因施工违反物业规定而被扣费用；施工期间水电费由客户自理。

11. 此预算报价不含税金，只提供财务清单，工程款全部结清后，客户凭所有财务清单补交总工程造价的3％税金后到行政部开具正式发票

节约、绿色、环保

粤港澳大湾区首个生物谷——深圳坝光国际生物谷城市示范中心项目示范先行，以"建筑、结构、装饰、工厂智造、材料与成本、智能化"六大体系为核心构建绿色低碳、设计制造、智能装配的模块化全装饰产品体系，达到"一效两高三提四降"效能。

同学们在帮助客户做装修设计预算时，应该如何帮助客户在节省开支、节约资源的同时，又能满足客户各方面需求呢？

复习思考题

1. 装饰公司编制的工程概预算应该注意哪些内容？

2. 独立完成图 11-19 所示建筑装饰工程的计量与计价，编制概预算表，施工详图可详见本书配套资源。

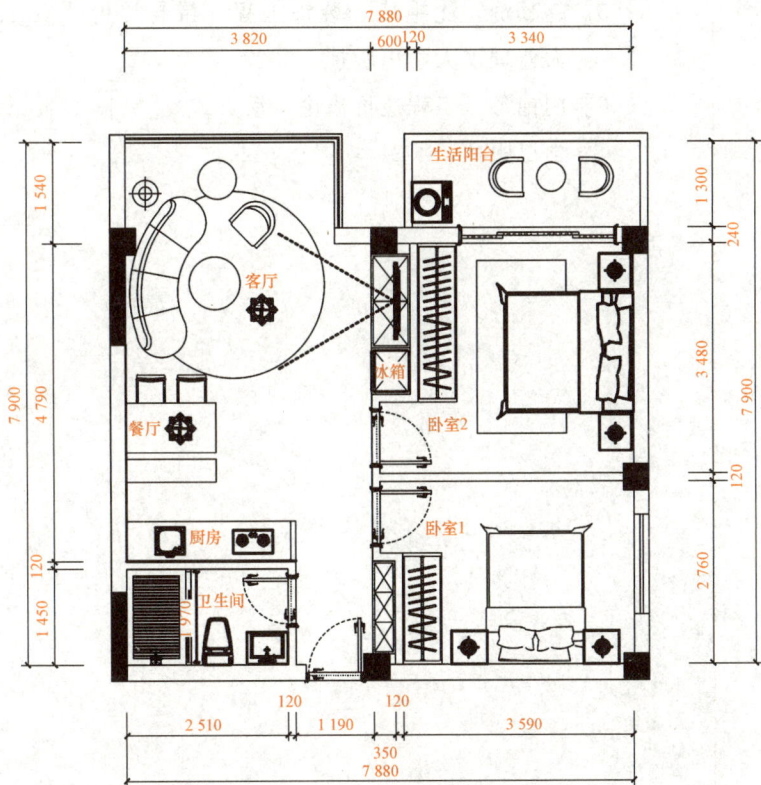

平面布置图

图 11-19　某项目平面布置图

参考文献

［1］中华人民共和国住房和城乡建设部，中华人民共和国国家质量监督检验检疫总局．GB 50500—2013 建设工程工程量清单计价规范［S］．北京：中国计划出版社，2013.

［2］中华人民共和国住房和城乡建设部．GB 50854—2013 房屋建筑与装饰工程工程量计算规范［S］．北京：中国计划出版社，2013.

［3］周慧玲，谢莹春．建筑与装饰工程工程量清单计价［M］．2 版．北京：中国建筑工业出版社，2020.

［4］孙来忠，王银．建筑装饰工程概预算［M］．北京：机械工业出版社，2017.

［5］赵勤贤，沈艳峰．装饰工程计量与计价［M］．5 版．大连：大连理工大学出版社，2023.

［6］周艳冬．工程造价概论（活页式）［M］．2 版．北京：北京大学出版社，2021.